基于 STM32 的智能硬件开发

主　编：王　欣
副主编：艾群磊　范国晓

吉林大学出版社

·长春·

图书在版编目（CIP）数据

基于STM32的智能硬件开发 / 王欣主编． — 长春：吉林大学出版社，2023.12
ISBN 978-7-5768-2719-4

Ⅰ．①基… Ⅱ．①王… Ⅲ．①微控制器—系统开发 Ⅳ．① TP368.1

中国国家版本馆CIP数据核字（2023）第236861号

书　　名：基于STM32的智能硬件开发
JIYU STM32 DE ZHINENG YINGJIAN KAIFA

作　　者：王　欣
策划编辑：邵宇彤
责任编辑：陈　曦
责任校对：殷丽爽
装帧设计：优盛文化
出版发行：吉林大学出版社
社　　址：长春市人民大街4059号
邮政编码：130021
发行电话：0431-89580036/58
网　　址：http://www.jlup.com.cn
电子邮箱：jldxcbs@sina.com
印　　刷：河北万卷印刷有限公司
成品尺寸：185mm×260mm　　16开
印　　张：12.75
字　　数：269千字
版　　次：2024年1月第1版
印　　次：2024年1月第1次
书　　号：ISBN 978-7-5768-2719-4
定　　价：98.00元

版权所有　　翻印必究

前　言

近年来，在国家经济高速发展的推动下，国内智能硬件产业如火如荼地发展起来。国内消费者对智能硬件的使用量和需求量越来越大，人们也越来越推崇和喜爱种类繁多、功能多样的智能产品。

智能硬件是指通过将硬件和软件相结合，对传统设备进行智能化改造，从而具备信息采集、处理和连接能力，可实现智能感知、交互、大数据服务等功能的新兴互联网终端产品，是"互联网+"人工智能的重要载体。根据行业分类，智能硬件可以细分为智能移动通信设备、智能机器人、智能家居设备、智能可穿戴设备、智能车联网设备、智能大屏设备、智能医疗设备、智能家庭健康设备、智能安防设备等。

为贯彻落实《国家职业教育改革实施方案》《关于在院校实施"学历证书+若干职业技能等级证书"制度试点方案》《教育部办公厅　国家发展改革委办公厅　财政部办公厅关于推进1+X证书制度试点工作的指导意见》（教职成厅函〔2019〕19号）文件精神，促进智能硬件产业发展，规范智能硬件应用开发专业人才培养工作，建立完善的职业技能等级认证体系，北京电信规划设计院有限公司组织相关专家进行研讨，制定了《智能硬件应用开发职业技能等级标准》。该标准规定了智能硬件应用开发职业技能的等级、工作领域、工作任务及职业技能要求，将智能硬件应用开发职业技能分为初级、中级、高级三部分。

本书参照《智能硬件应用开发职业技能等级标准》中对中级智能硬件应用开发职业技能的介绍，根据智能硬件相关科研机构及企事业单位，面向研发助理、部品开发、品质管理、产品测试、技术支持等岗位涉及的工作领域和工作任务所需的职业技能要求，介绍了智能硬件应用开发中STM32F4微控制器应用、人机交互设备、常见执行部件以及成品开发等内容。

本书是智能硬件应用开发职业技能证书（中级）的培训认证参考教材，包含STM32开发环境介绍、基础设计、进阶任务、扩展任务以及STM32远程云端硬件实验平台仿真等五个学习单元，覆盖了标准工作领域的知识点和技能点，充分体现了智能硬件应用开发相关人员在职业活动中所需要的综合能力。

  本书在北京杰创永恒科技有限公司的协助下编写完成，由于编者水平有限，时间仓促，尽管做了最大努力，但书中仍难免有不妥之处，恳请读者批评指正。

王　欣

2023 年 6 月

目 录

第1章 STM32 开发环境介绍 ... 001
1.1 STM32 开发环境 ... 003
1.2 认识 STM32 ... 011

第2章 基础设计 ... 017
2.1 任务1：LED 闪烁 ... 019
2.2 任务2：LED 流水灯应用开发 ... 030
2.3 任务3：按键控制呼吸灯应用开发 ... 037
2.4 任务4：串行通信控制 LED 应用开发 ... 048
2.5 任务5：电池电压监测应用开发 ... 056
2.6 任务6：人机交互（按键类） ... 063
2.7 任务7：人机交互（显示类） ... 069
2.8 任务8：LCD1602 液晶屏的使用 ... 078
2.9 任务9：TFT 液晶屏的使用 ... 083
2.10 任务10：电机控制 ... 089
2.11 任务11：语音识别 ... 095

第3章 进阶任务 ... 103
3.1 任务1：设计一个彩灯广告牌 ... 105
3.2 任务2：酒精检测仪器的设计 ... 117
3.3 任务3：环境检测系统设计 ... 122

第4章 扩展任务 ... 135
4.1 任务1：智能垃圾桶 ... 137
4.2 任务2：智能小车 ... 157

第 5 章　STM32 远程云端硬件实验平台···177
　　5.1　STM32 远程云端硬件实验平台介绍···179
　　5.2　卧室开关灯仿真设计···187
　　5.3　智能密码锁的仿真设计···190

参考文献··198

第 1 章　　STM32 开发环境介绍

1.1　STM32 开发环境

1.1.1　STM32 应用领域

ST（意法半导体）公司在 2007 年发布首款搭载 ARM Cortex-M3 内核的 32 位 MCU，在十余年时间里，STM32 产品线相继加入了基于 ARM Cortex-M0、Cortex-M4 和 Cortex-M7 的产品，产品线覆盖通用型、低成本、超低功耗、高性能低功耗及甚高性能类型。正是由于 STM32 拥有结构清晰且覆盖完整的产品家族线、简单易用的应用开发生态系统，越来越多的电子产品使用 STM32 微控制器作为主控的解决方案，涵盖智能硬件、智能家居、智慧城市、智慧工业、智能驾驶等领域。

1.1.2　STM32 软件开发模式

开发者基于 ST 公司提供的软件开发库进行应用程序的开发，常用的 STM32 软件开发模式主要有以下几种。

1. 基于寄存器的开发模式

基于寄存器编写的代码简练、执行效率高。这种开发模式有助于开发者从细节上了解 STM32 微控制器的架构与工作原理，但由于 STM32 微控制器的片上外设多且寄存器功能五花八门，因此开发者需要花费很多时间和精力研究产品手册。这种开发模式的另一个缺点是代码后期维护难，移植性差。总的来说，这种开发模式适合有较强编程功底的开发者。

2. 基于标准外设库的开发模式

这种开发模式对开发者的要求较低，开发者只要会调用 API 即可编写程序。基于标准外设库编写的代码容错性好且后期维护简单，其缺点是运行速度相对寄存器级的代码偏慢。另外，基于标准外设库的开发模式不利于开发者深入掌握 STM32 微控制器的架构与工作原理。总的来说，这种开发模式适合大多数初学者。

3. 基于STM32Cube的开发模式

基于STM32Cube的开发流程如下。

（1）首先开发者根据应用需求使用图形化配置与代码生成工具对MCU片上外设进行配置。

（2）其次生成基于HAL库或LL库的初始化代码。

（3）最后将生成的代码导入集成开发环境，进行编辑、编译和运行。

基于STM32Cube的开发模式的优点有以下几个。

（1）初始代码框架是自动生成的，这简化了开发者新建工程、编写初始代码的过程。

（2）图形化配置与代码生成工具操作简单、界面直观，这为开发者节省了查询数据手册了解引脚与外设功能的时间。

（3）HAL库的特性决定了利用该开发模式编写的代码的移植性最好。

这种开发模式的缺点是函数调用关系比较复杂、程序可读性较差、执行效率偏低及对初学者不友好等。

另外，图形化配置与代码生成工具的"简单易用"是建立在使用者已经熟练掌握了STM32微控制器的基础知识和外设工作原理的基础上的，否则在使用该工具的过程中将会处处碰壁。基于STM32Cube的开发模式是ST公司目前主推的一种模式，对于近年来推出的新产品，ST公司也已不为其配备标准外设库。因此，为了顺应技术发展的潮流，本书选取了基于STM32Cube的开发模式，后续对任务实施的讲解均基于这种开发模式。

1.1.3 软件介绍

STM32CubeMX（图1-1）是ST公司近几年大力推荐的STM32芯片图形化配置工具，目的是方便开发者，允许用户使用图形化向导生成C语言初始化代码，以大大减轻开发工作的时间和费用，提高开发效率。STM32CubeMX几乎覆盖了STM32全系列芯片。在STM32CubeMX上，开发者通过傻瓜式的操作便能实现相关配置，最终生成C语言代码。STM32CubeMX支持多种工具链，比如MDK、IAR For ARM、TrueSTUDIO等，省去了开发者配置各种外设的时间，提高了程序开发效率。

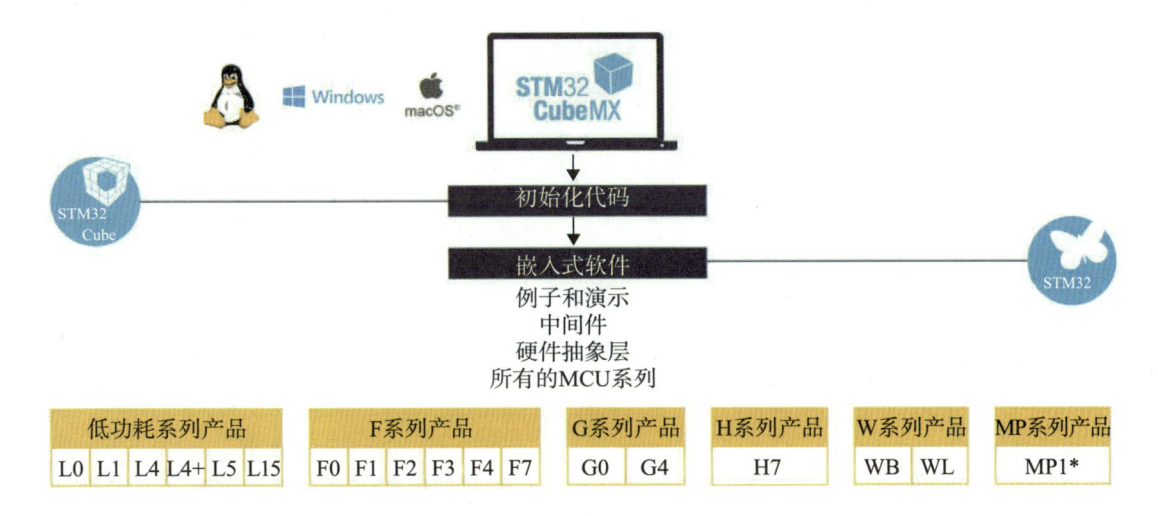

图 1-1　STM32CubeMX

1.1.4　软件安装

1. 安装 JRE（java runtime environment）

由于 STM32CubeMX 软件是基于 Java 环境运行的，因此需要安装 JRE。JRE 的官方下载网址：https://www.java.com/en/download/manual.jsp。

2. 安装 STM32CubeMX 软件

STM32CubeMX 是一种图形化工具（图 1-2），通过分步过程可以非常轻松地配置 STM32 微控制器和微处理器，以及为 Arm® Cortex®-M 内核或面向 Arm® Cortex®-A 内核的特定 Linux® 设备树生成相应的初始化 C 代码。

图 1-2　STM32CubeMX 的图标

官方下载网址：https://www.st.com/zh/development-tools/stm32cubemx.html，如图 1-3 所示。

图 1-3 获取软件截图

3. 安装 HAL 库

HAL 是 hardware abstraction layer 的缩写，中文名称是硬件抽象层。HAL 库是 ST 公司为 STM32 的 MCU 推出的抽象层嵌入式软件，为更方便实现跨 STM32 产品的最大可移植性。HAL 库使 ST 公司慢慢放弃了原来的标准固件库（SPL）。与标准固件库对比，HAL 库更加抽象，其最终目的是实现 STM32 系列 MCU 之间的无缝移植，甚至在其他 MCU 上也能实现快速移植。

HAL 库有在线安装、离线安装两种方式。

（1）在线安装。打开安装好的 STM32CubeMX 软件，点击菜单栏上的"Help"→"Manage embedded software packages"。如图 1-4 所示为 STM32CubeMX 软件界面。

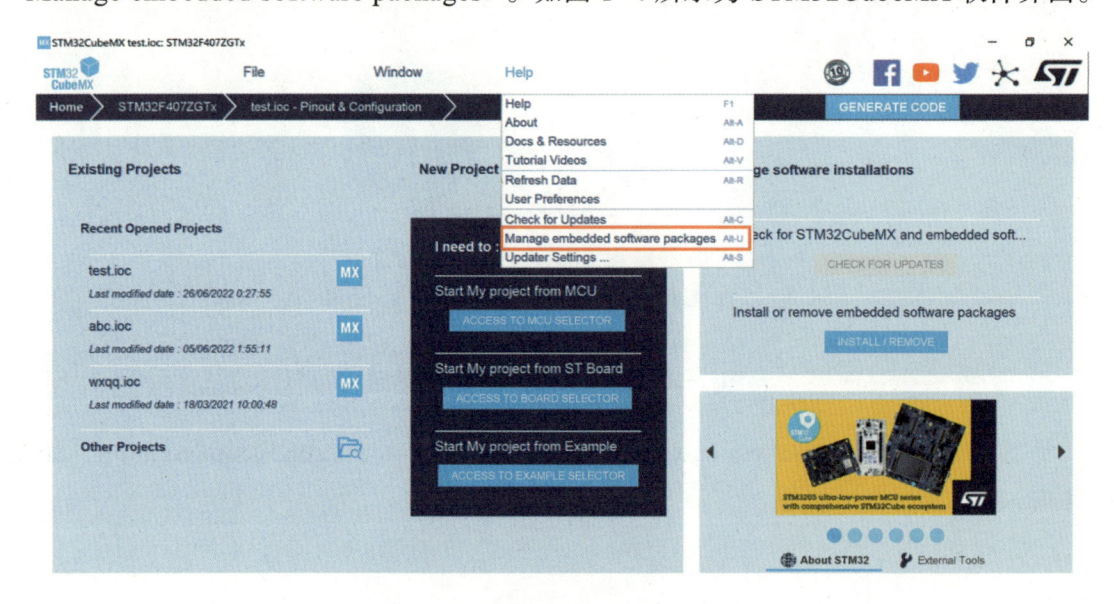

图 1-4 STM32CubeMX 界面

第 1 章　STM32 开发环境介绍

此时会弹出来一个选择型号的界面，勾选上要安装的 HAL 库，点击"Install"直到安装成功。如图 1-5 所示。

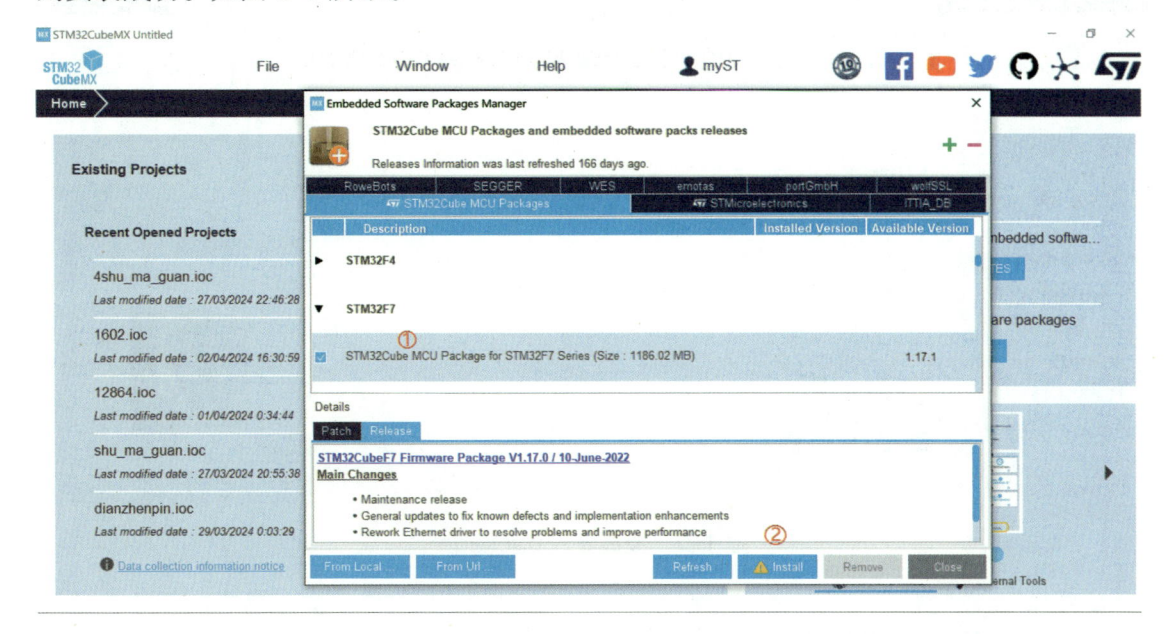

图 1-5　Package 界面

（2）离线安装。离线安装需要下载安装包，访问 ST 官方下载网址：https://www.st.com/en/development-tools/stm32cubemx.html#tools-software，下载对应芯片的安装包，如图 1-6 所示。

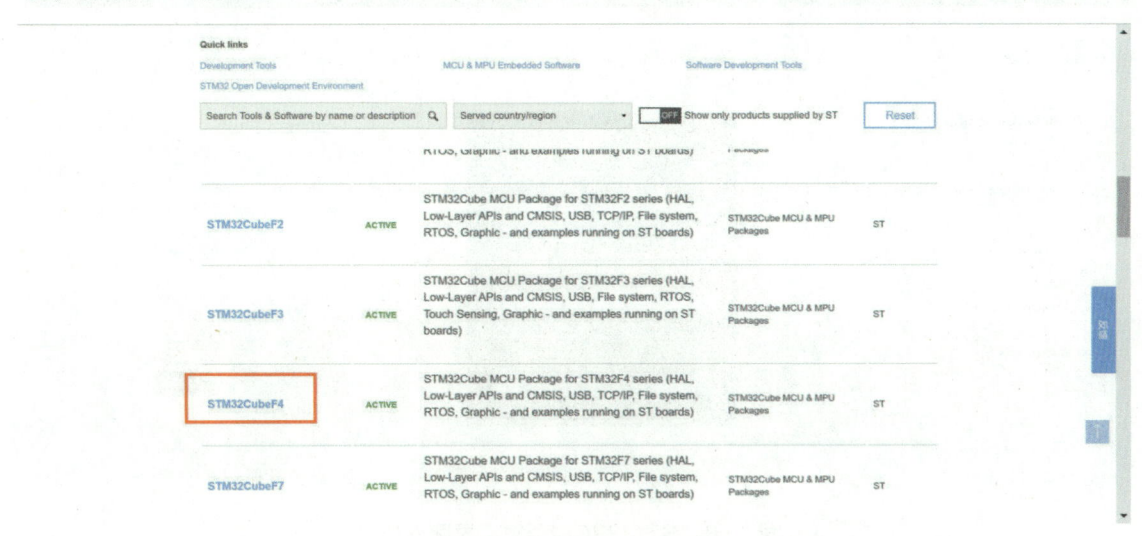

图 1-6　离线下载 HAL 库

下载完成后直接导入安装包，点击"Help"→"Manage embedded software packages"→"From Local"，选择离线安装包即可，如图 1-7 所示。

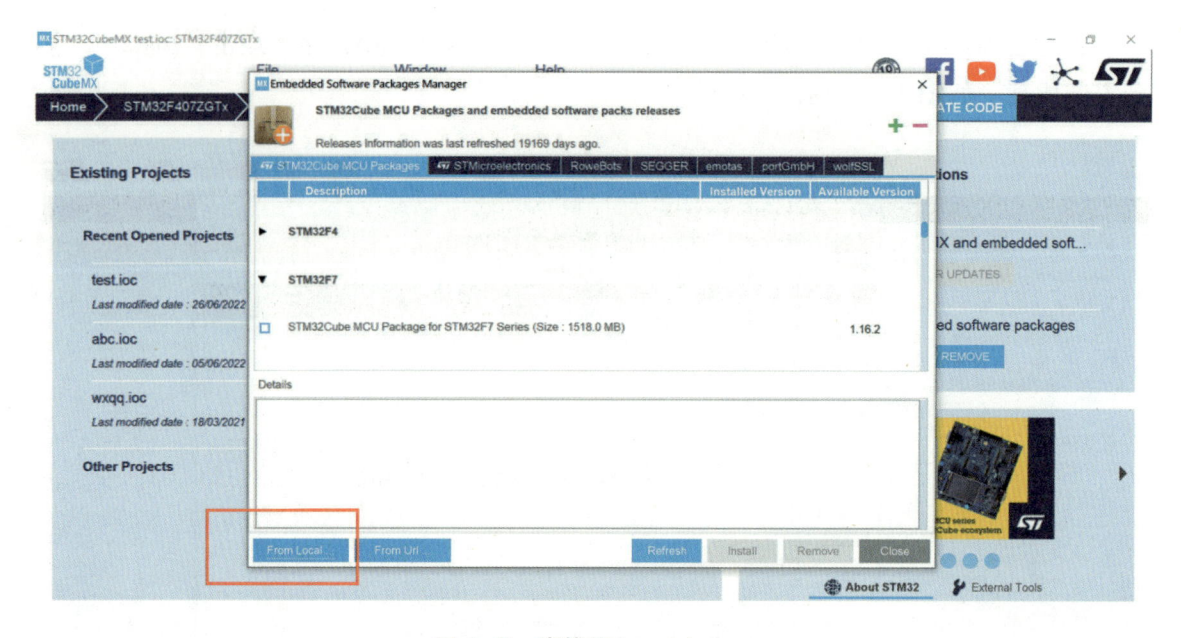

图 1-7 离线导入 package

1.1.5 软件界面介绍

打开 STM32CubeMX 软件，界面如图 1-8 所示。

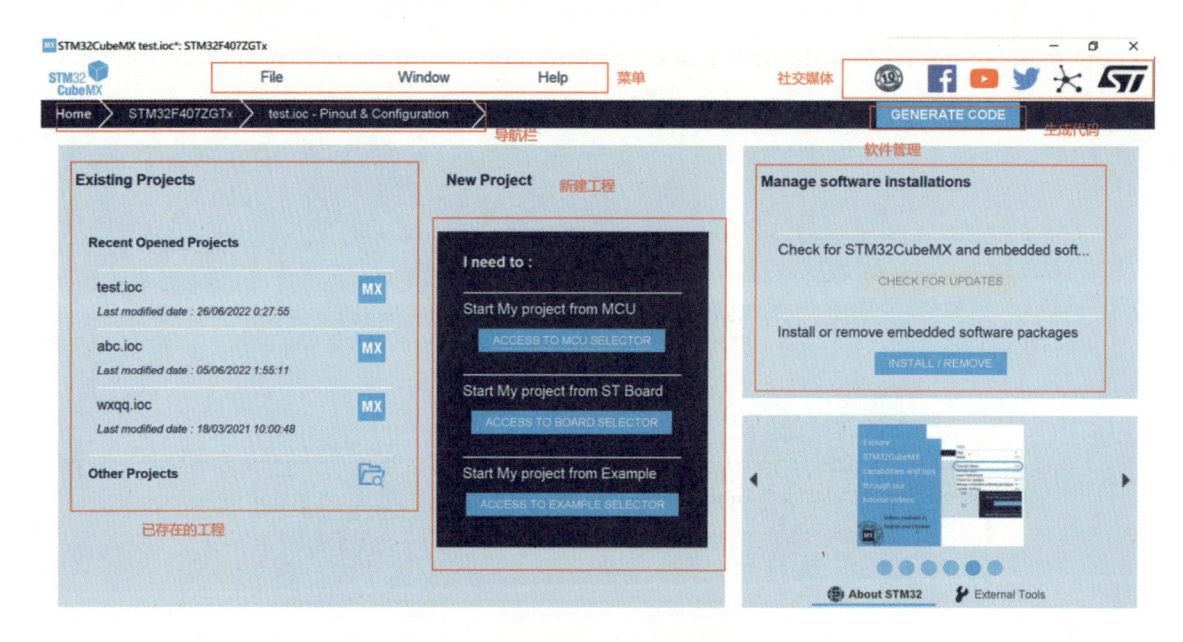

图 1-8 STM32CubeMX 界面介绍

新建一个工程后，选择所使用的 STM32 芯片，然后进入工程编辑界面，如图 1-9

所示。本界面有 Pinout&Configuration、Clock Configuration、Project Manager、Tools 四个选项卡。

图 1-9　工程编辑界面

1. Pinout & Configuration 选项卡

此选项卡下列出了所选芯片具有的全部功能，具体到某一个项目，应用哪个功能就配置相应的选项。在该选项卡中可对系统、外设资源以及中间件等独立模块进行配置，不同系列、不同型号的 MCU 的配置信息都不同。

例如，配置项目所用 GPIO 口，如图 1-10 所示。

图 1-10　外设设置

2. Clock Configuration 选项卡

在此选项卡中可以配置 STM32 芯片工作所需要的时钟，STM32 各个系列的时钟都比较强大，且各系列各型号的时钟树也有差异。STM32CubeMX 的时钟配置采用图形化界面，简单明了。同时，配置时钟时会有各种提示信息，比如可选择的分频和倍频、最大时钟频率、警告错误提示等。

例如，口袋机盒子用的是 8 M 外部晶振，为了得到 168 M 的工作频率，应该按照如图 1-11 所示配置。

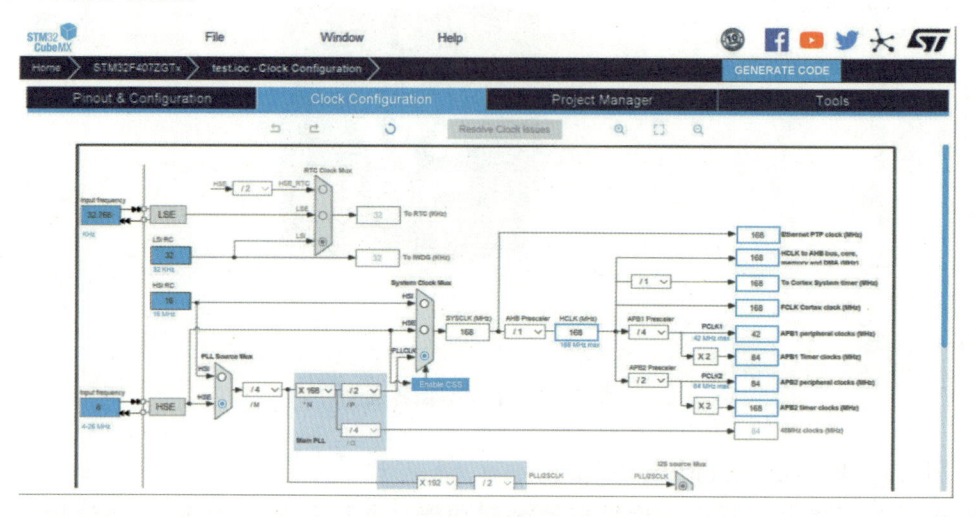

图 1-11　时钟设置

3. Project Manager 选项卡

此选项卡主要有三部分内容：工程管理、代码生成、高级设置。

配置工程的具体要求如图 1-12 所示。

图 1-12　工程管理

4. Tools 选项卡

该选项卡中只有工具 PCC（power consumption calculator），开发低功耗相关产品时经常用这个工具，如图 1-13 所示。

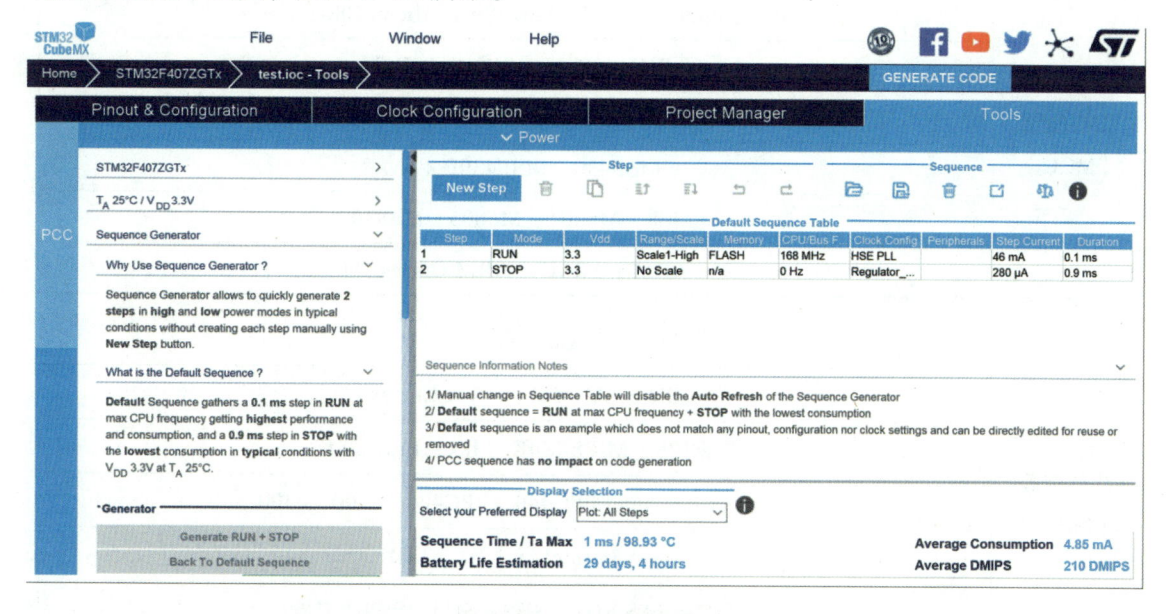

图 1-13　工具选择界面

完成项目所有配置后，点击"GENERATE CODE"，STM32CubeMX 会根据用户所选编译平台生成基于 HAL 库的代码。

本书在后续的任务实施讲解中，将采用"STM32CubeMX + MDK-ARM"开发工具组合。具体的应用开发流程如下所示：根据任务要求，利用 STM32CubeMX 进行功能配置，生成基于 MDK-ARM 集成开发环境的初始代码，添加功能逻辑完成应用开发。

1.2　认识 STM32

1.2.1　处理器分类

随着电子技术、计算机技术、通信技术的发展，嵌入式技术已经无处不在。从随身携带的可穿戴智能设备，到智慧家庭中的远程抄表系统、智能洗衣机和智能音箱，再到智慧交通中的车辆导航、流量控制和信息监测等，各种创新应用及需求不断涌现。电子产品快速更新迭代，其最基础的底层芯片——微控制器（MCU）功不可没。目前 MCU 已成为电子产品及行业应用解决方案中不可替代的一部分。

常见的处理器分类如表 1-1 和表 1-2 所示。

表 1-1 常见的 MCU

微控制器 （MCU）	8051：intel MCS-51、Atmel89、silicon C8051F××
	PIC：PIC16，PIC18，PIC24
	AVR：Atmel ATtiny（低档）、AT90（中档）、ATmega（高档）
	MSP430：MSP430F×××
	M68：M6801、M6805、M68300
	ARM：ARM7、ARM Cortex-M

表 1-2 常见的 MPU

微处理器 （MPU）	ARM：ARM11、ARM Cortex-A
	MIPS：MIPS M4K、4kx、Pro、24K
	PowerPC：intel PPC440、PPC405、e300、e500
	X86 intel i5、i7、AMD
	RENESAS SH1、SH2、SH3、SH4、SH5

1.2.2 MCU 概述

MCU 主要用于控制领域，典型代表是 8051 系列、PIC 系列的 4 位 /8 位 /16 位单片机。单片机芯片内部集成 Flash、RAM、EEPROM、总线、定时 / 计数器、看门狗、I/O、串行口、脉宽调制输出、A/D、D/A 等各种用于控制的功能模块和外设。图 1-14 为常见的 MCU，图 1-15 为常见的 MCU 市场占比。

图 1-14 常见的 MCU

图 1-15　目前常见 MCU 市场占比

1.2.3　ARM 概述

ARM 处理器由 ARM 公司设计的内核与授权半导体商设计的外围组成。芯片设计关系如图 1-16 所示。

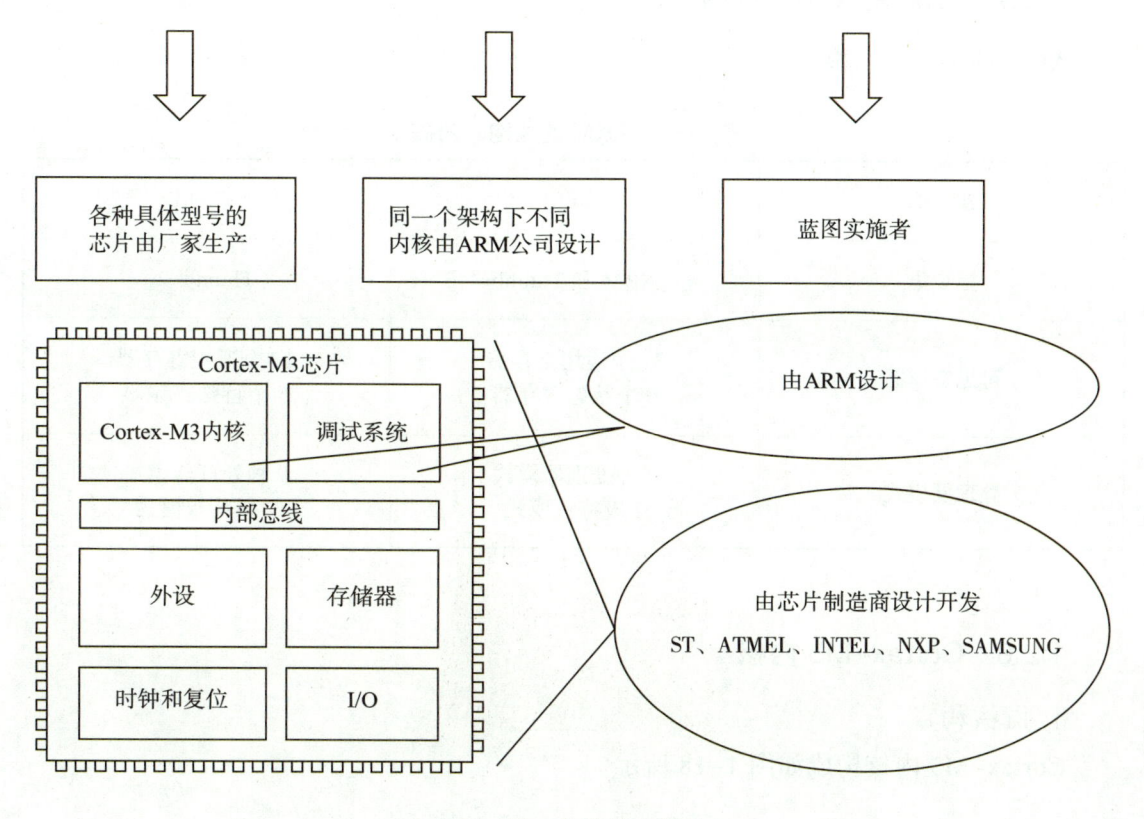

图 1-16　芯片设计关系

1.2.4　ARM 内核的发展历程

ARM 内核的发展历程如图 1-17 所示。

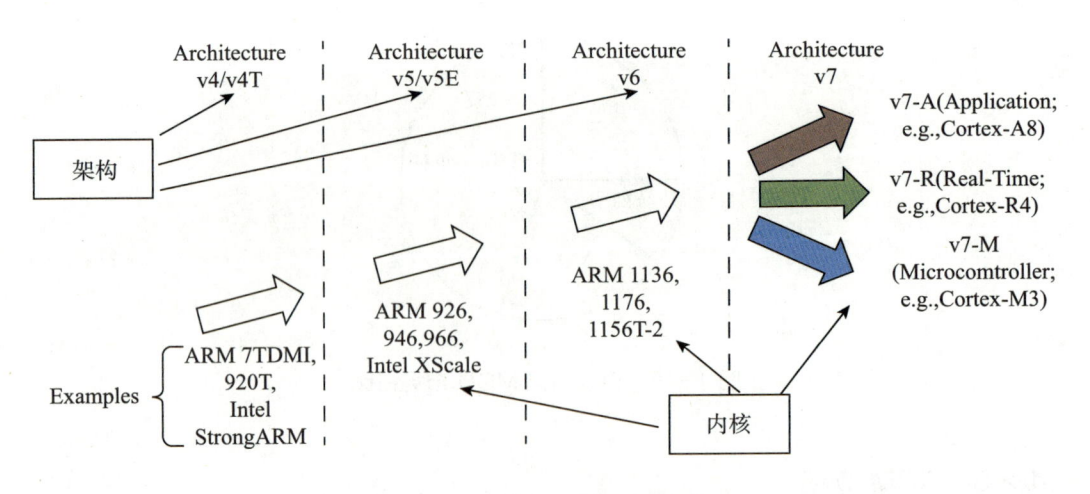

图 1-17 ARM 内核的发展历程

1.2.5 ARM 的架构、内核

ARM 的架构、内核如表 1-3 所示。

表 1-3 ARM 的架构、内核

架　构	v4T	V7-M
指令集	ARM 和 Thumb	Thumb-2
可见寄存器	31 个通用寄存器 6 个状态寄存器	17 个通用寄存器 5 个特殊寄存器
处理器模式	7 种处理器模式 2 级特权模式	9 种处理器模式 2 级特权模式

1.2.6 Cortex-M3 内核

1. 内核构成

Cortex-M3 内核构成如图 1-18 所示。

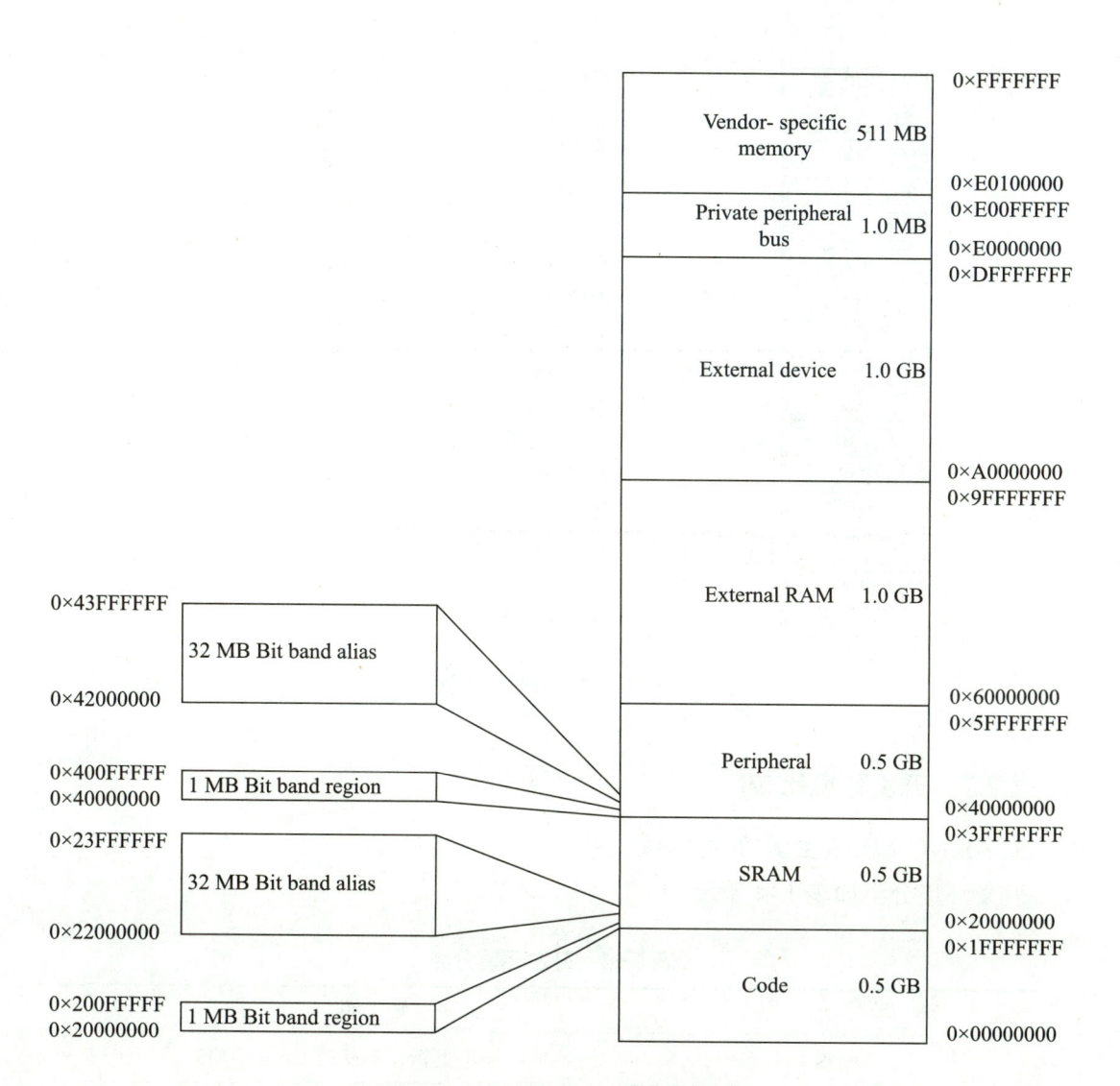

图 1-18 Cortex-M3 的内核构成

2. Cortex-M3 内部寄存器

Cortex-M3 内部寄存器如图 1-19 所示。

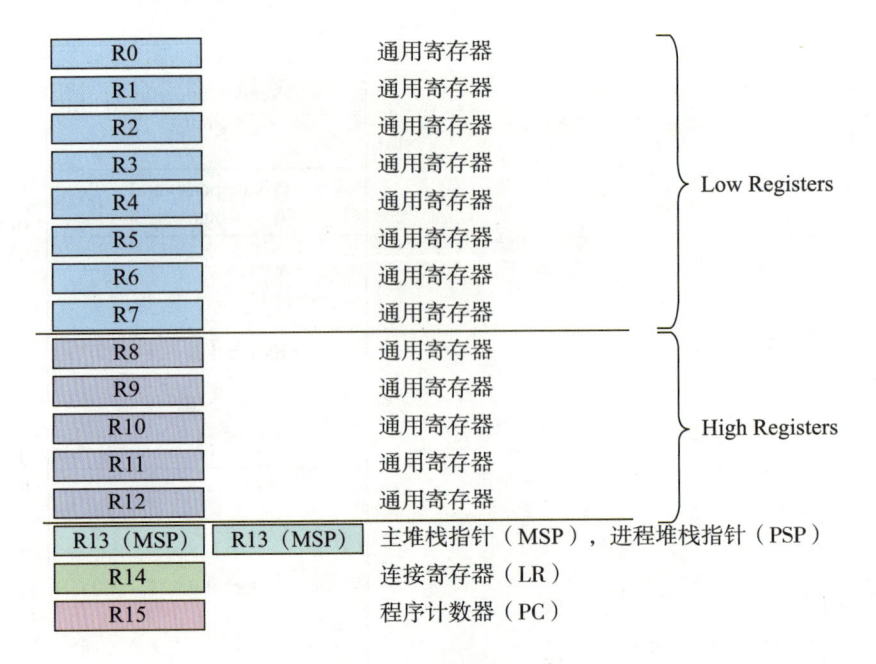

图 1-19 内部寄存器

1.2.7 开发环境比较

1. ARM 处理器主流开发环境

开发环境分类如表 1-4 所示。

表 1-4 开发环境分类

环　境		说　明
Windows	ADS	早已停止更新，不支持 Cortex-M3
	Keil MDK	Keil 公司被 ARM 收购，用以替代 ADS
	IAR EWARM	被广泛使用的开发环境，例程很丰富
Linux	gcc-arm-×××	自由软件，操作较复杂

2. IAR EWARM 与 Keil MDK 各自的缺点

主流开发环境 IAR EWARM 与 Keil MDK 的优缺点如表 1-5 所示。

表 1-5 主流开发方式优缺点

IAR EWARM	不能一次删掉所有断点
	没有类似 Keil MDK 的图形化配置工具
Keil MDK	工程管理器只能有一级分组

第 2 章 基础设计

2.1 任务 1：LED 闪烁

2.1.1 任务要求

本任务要求基于 STM32CubeMX 工具和 HAL 库搭建 STM32 微控制器开发环境，生成可以在 MDK-ARM 集成开发环境下运行的工程。正确地配置、编译工程后，先进行在线仿真，程序无误后将其下载至口袋机中运行。

2.1.2 LED 硬件连接

查看口袋机原理图可以发现，LED 应连接到芯片 PE6 脚。LED 硬件连接示意图如图 2-1 所示。

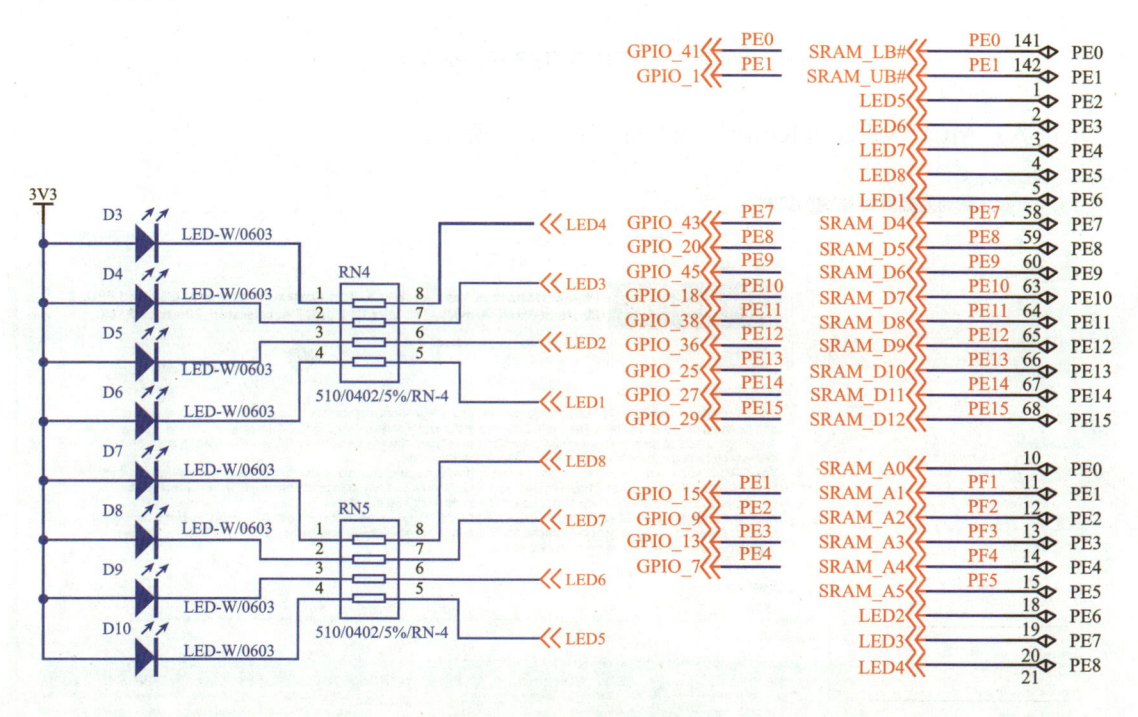

图 2-1 LED 硬件连接

2.1.3 任务实施

1. 新建 STM32CubeMX 工程

打开 STM32CubeMX 工具，点击 "ACCESS TO MCU SELECTOR"（选择 MCU）按钮，选择 MCU 型号，如图 2-2 所示。

基于STM32的智能硬件开发

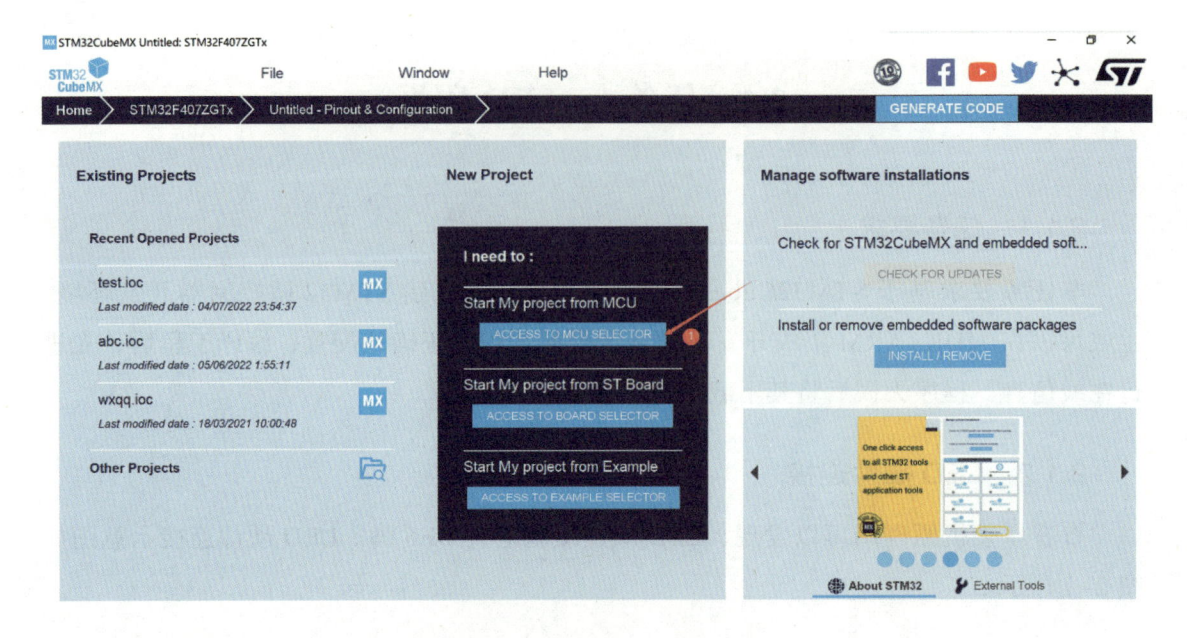

图 2-2 打开 STM32CubeMX

进入"MCU/MPU Selector"窗口,如图 2-3 所示。

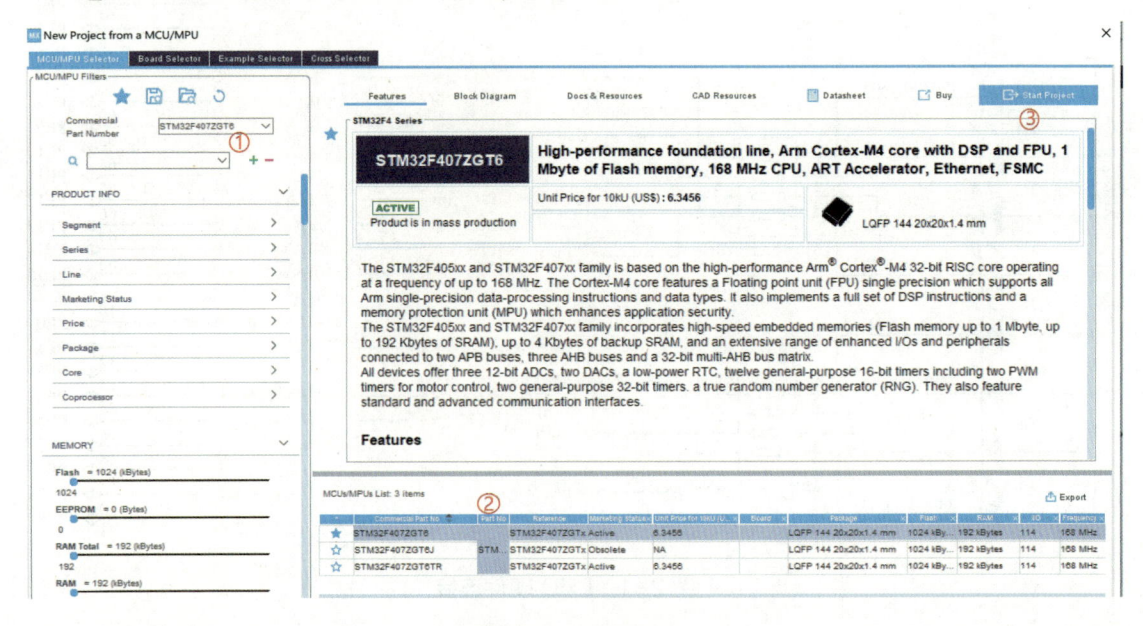

图 2-3 芯片选择

在图 2-3 所示的标号①处,输入 MCU 型号的关键字,如 STM32F407ZGT6。点击标号②处的 MCU 型号,然后点击标号③处的"Start Project"按钮新建 STM32CubeMX 工程。

2. 配置 GPIO 功能

口袋机的 PE6 引脚与 LED 灯的 LED1 相连。

在 STM32CubeMX 的配置主界面，用鼠标左键点击 MCU 的 "PE6" 引脚处，选择功能 "GPIO_Output"，如图 2-4 所示。

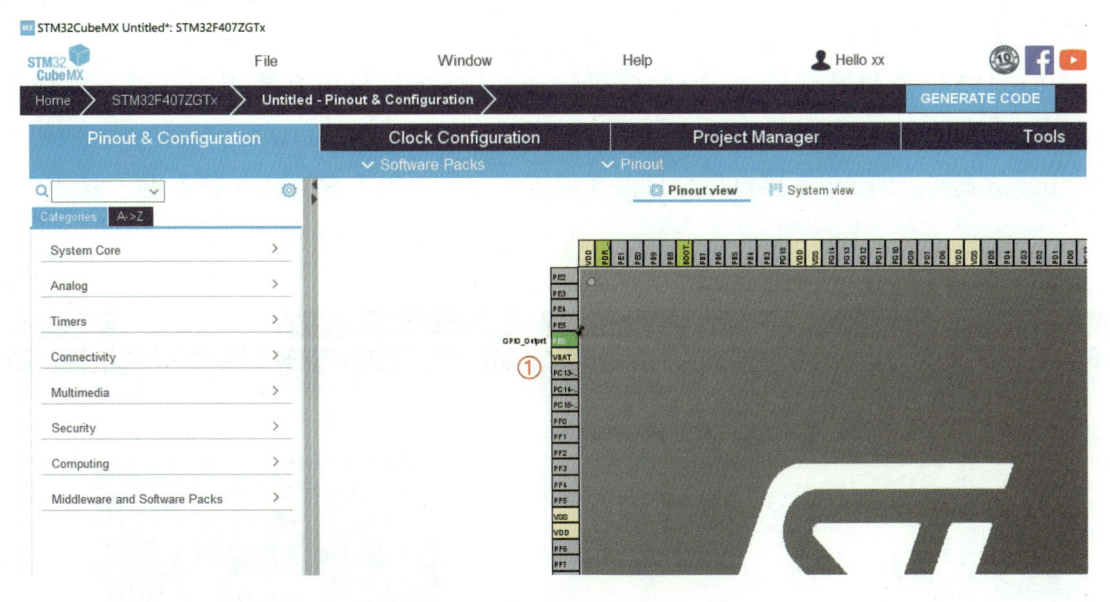

图 2-4 GPIO 选择

然后，用鼠标右键点击 "PE6" 引脚，选择 "Enter User Label" 选项，输入值 "LED1"，将 "PE6" 引脚的 "用户标签" 值配置为 "LED1"，点击 "GPIO"，选中 "PE6"，确保 PE6 引脚的配置如图 2-5 中的④～⑥所示。

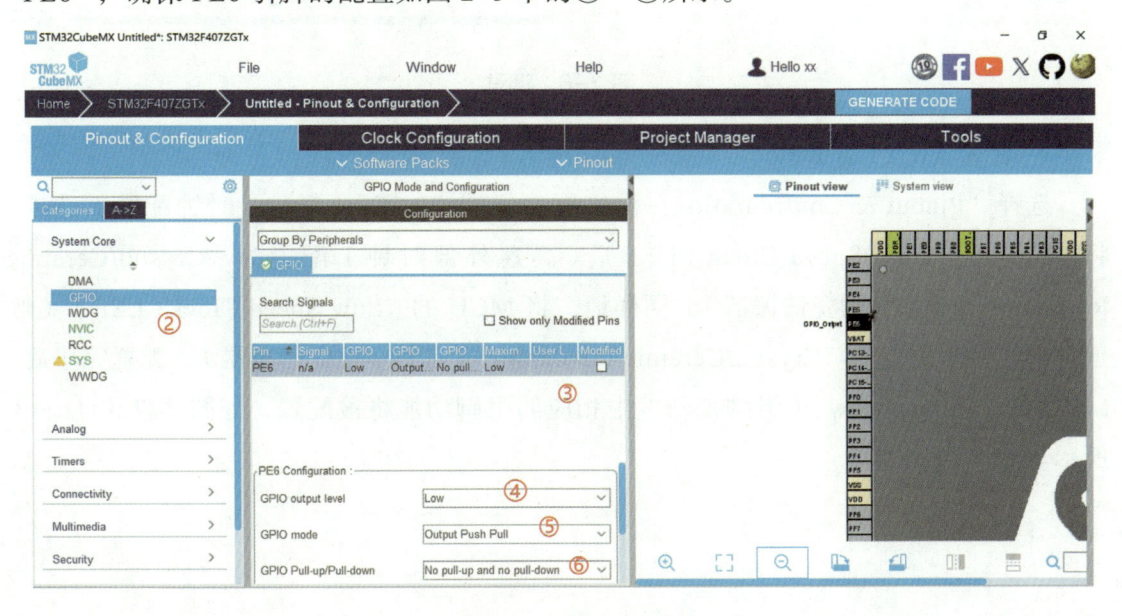

图 2-5 GPIO 设置

3. 配置调试端口

展开"Pinout & Configuration"标签页左侧的"System Core"(系统内核)选项,选择其下的"SYS"(系统)选项,将"Debug"(调试)下拉菜单改为"Serial Wire"(串口线)选项,即可将"PA13"引脚配置为 SWDIO 功能,"PA14"引脚配置为 SWCLK 功能,如图 2-6 所示。

STM32 微控制器支持通过 JTAG 接口或 SWD 接口与仿真器相连并进行在线调试。标准的 JTAG 接口为 20 Pin,接口体积大且占用较多的 GPIO 引脚资源,一般用于 J-Link 仿真器。而 SWD 接口最少只需 3 根连线,一般用于 ST-Link 仿真器。

图 2-6 调试

4. 配置 MCU 时钟树

选择"Pinout & Configuration"标签页左侧的"RCC"(复位、时钟配置)选项,将 MCU 的"High Speed Clock(HSE)"(高速外部时钟)配置为"Crystal/Ceramic Resonator"(晶体/陶瓷谐振器)。同样地,将 MCU 的"Low Speed Clock(LSE)"(低速外部时钟)配置为"Crystal/Ceramic Resonator"(晶体/陶瓷谐振器)。配置完毕后,MCU 的"Pinout view"(引脚视图)中相应的引脚功能将被配置,如图 2-7 中①~③所示。

第 2 章 基础设计

图 2-7 RCC 设置

切换到"Clock Configuration"（时钟配置）标签，进行 STM32 微控制器的时钟树配置，如图 2-8 所示。图中各个标号的含义如下。

标号①：口袋机外部晶振为 8 MHz。

标号②："PLL Source MUX"（锁相环时钟源选择器）的时钟源选择为"HSE"。

标号③：M=4。

标号④：N=168。

标号⑤："System Clock Mux"选择 PLLCLK。

标号⑥、⑦：系统工作频率为 168 M。

标号⑧：配置"APB1 Peripheral clocks（MHZ）"（低速外设总线时钟）为 HCLK 的四分频，即 42 MHz。

标号⑨：配置"APB2 Peripheral clocks（MHZ）"（高速外设总线时钟）为 HCLK 的二分频，即 84 MHz。

标号⑩：配置"To Cortex System timer（MHZ）"（Cortex 内核系统嘀嗒定时器）的时钟源为 HCLK 的一分频，即 168 MHz。

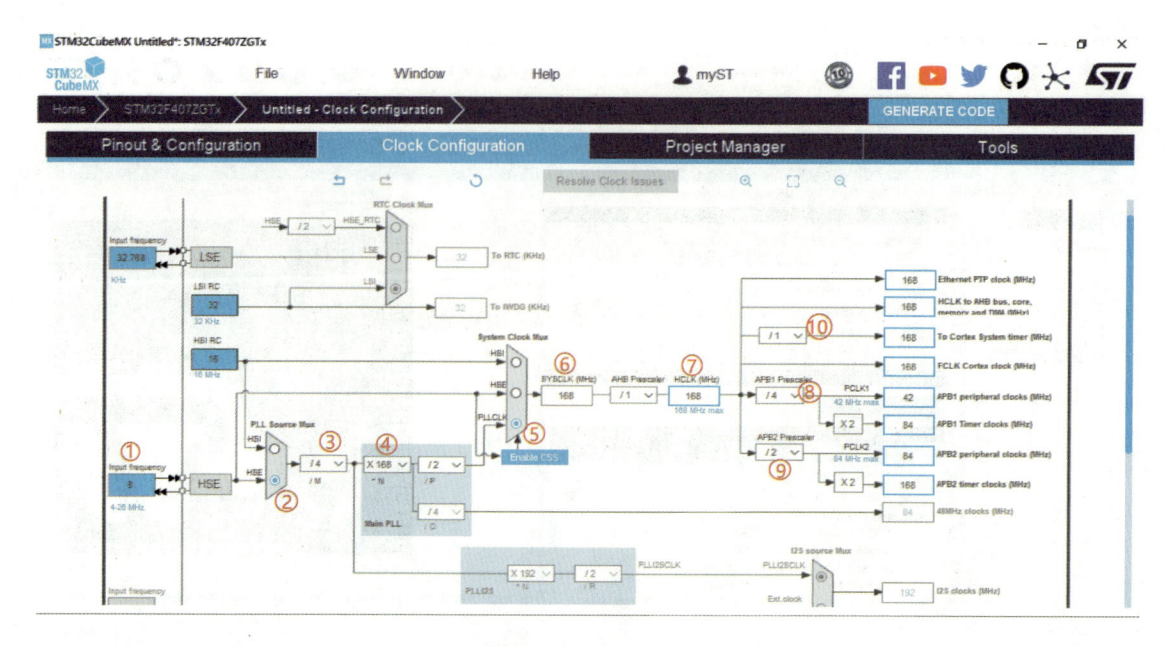

图 2-8　时钟设置

5. 保存 STM32CubeMX 工程

如图 2-9 所示，在标号①处填写工程名，在标号②处填写工程路径，在标号③处选择开发环境"MDK-ARM"。配置完成后保存工程。

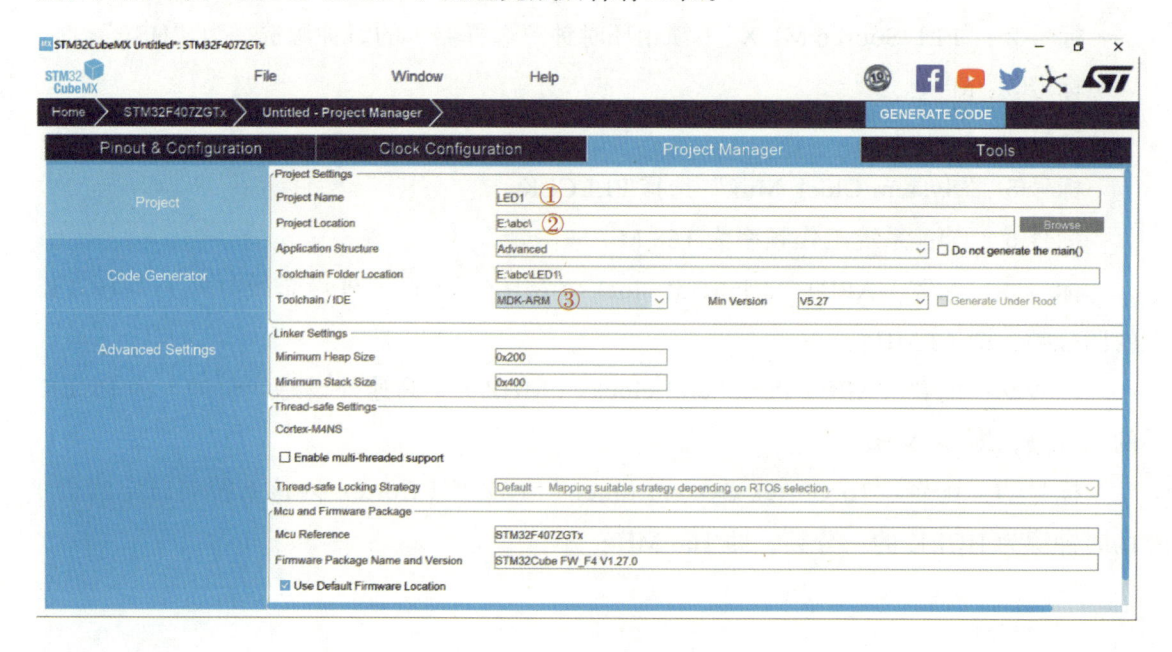

图 2-9　工程设置

6. 配置生成代码选项

根据图 2-10 完成代码设置。图中各个标号的含义如下。

标号①：复制必要的，跟工程相关的库文件。

标号②：产生初始化 .c 和 .h 文件。

然后，点击右上角"GENERATE CODE"，生成基于 MDK-ARM 的工程，如图 2-11 所示。

图 2-10　代码设置

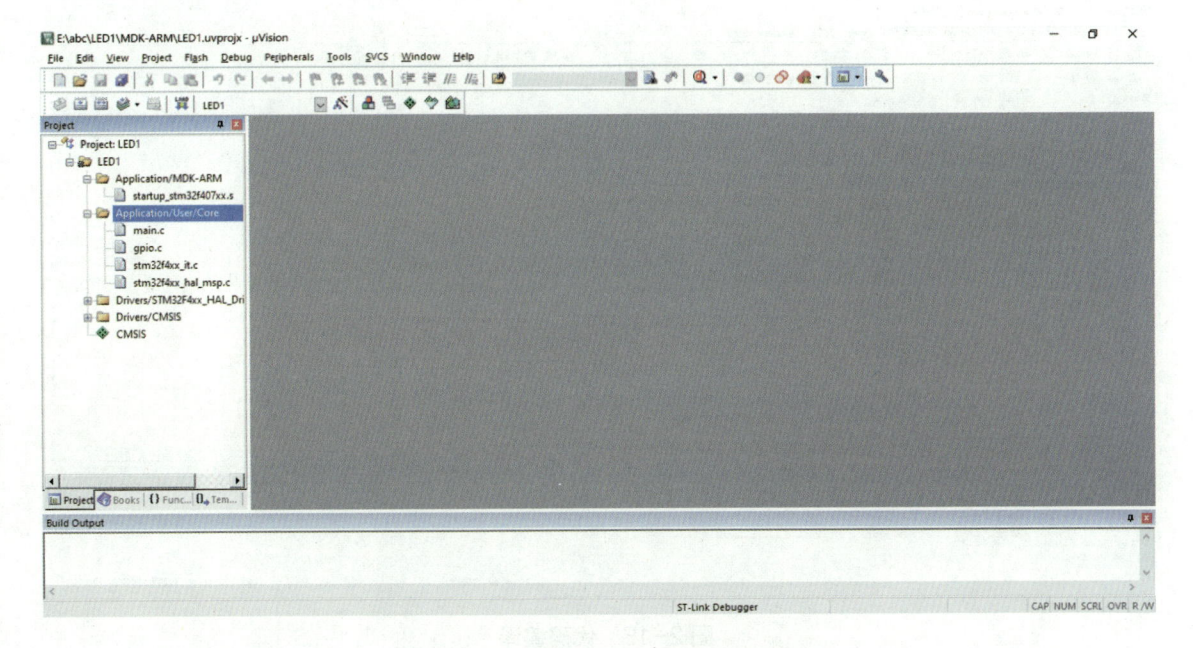

图 2-11　基于 MDK-ARM 的工程

7. 编辑 main.c，完善代码

在"while(1)"代码段中添加图 2-12 所示的两行代码。

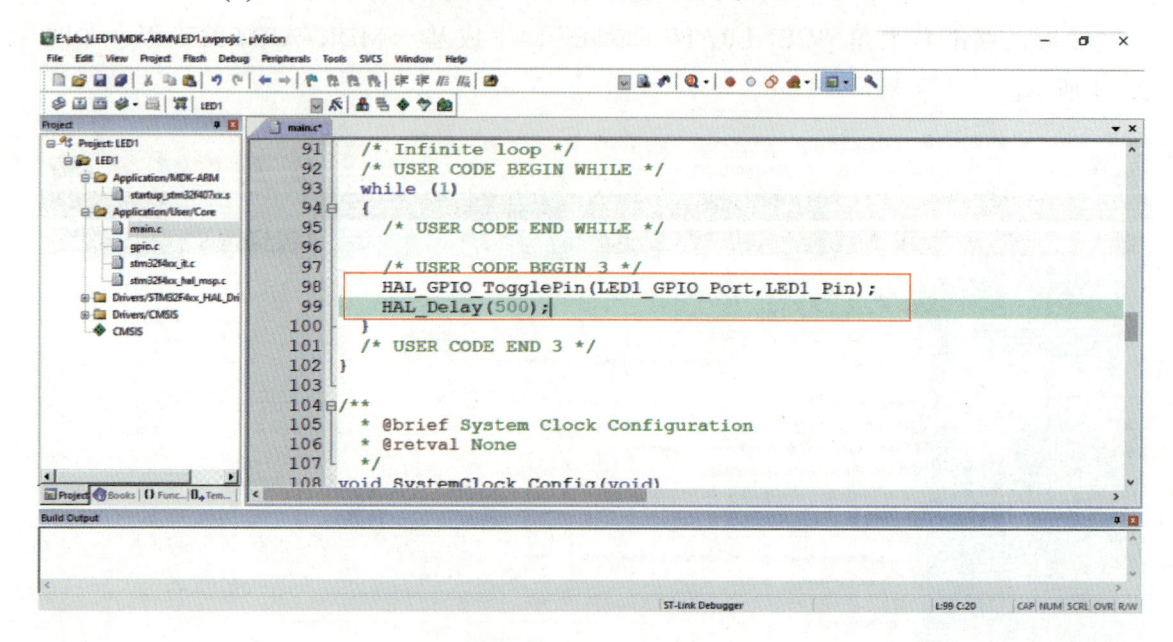

图 2-12　工程代码

编译成功后如图 2-13 所示。

图 2-13　代码编译

2.1.4 程序下载

程序下载方式有两种。

方法 1：通过串口下载。

打开 FlyMcu 通过串口下载程序，如图 2-14 所示。图中各标号的含义如下。

标号①：选择要下载的 .hex 文件。

标号②：点击"开始编程（P）"下载按钮。

标号③：选择要下载的模式。

标号④：下载完成。

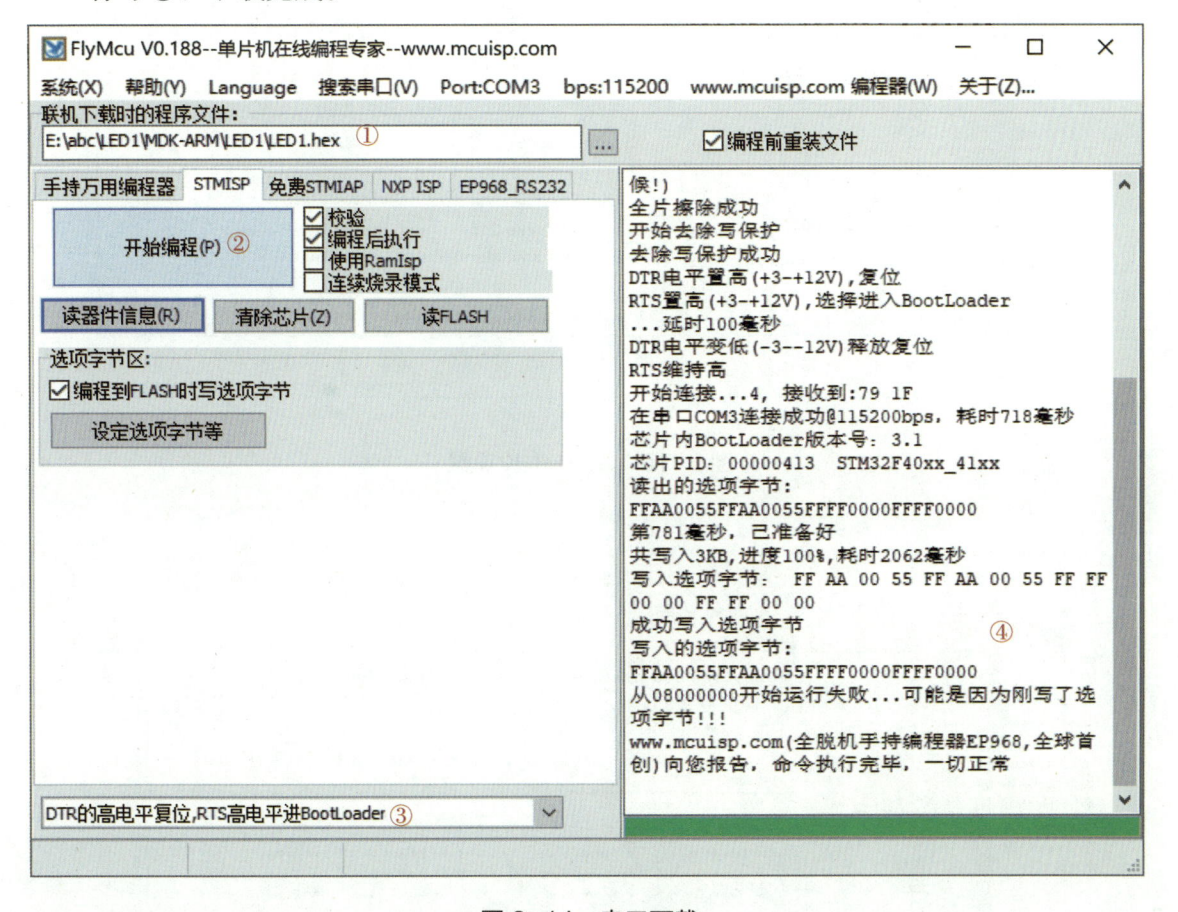

图 2-14　串口下载

下载完成后，观察口袋机上的 LED 灯，每隔 0.5 s 闪烁一次。

方法 2：通过 ST-LINK 下载，如图 2-15、图 2-16 所示。

基于STM32的智能硬件开发

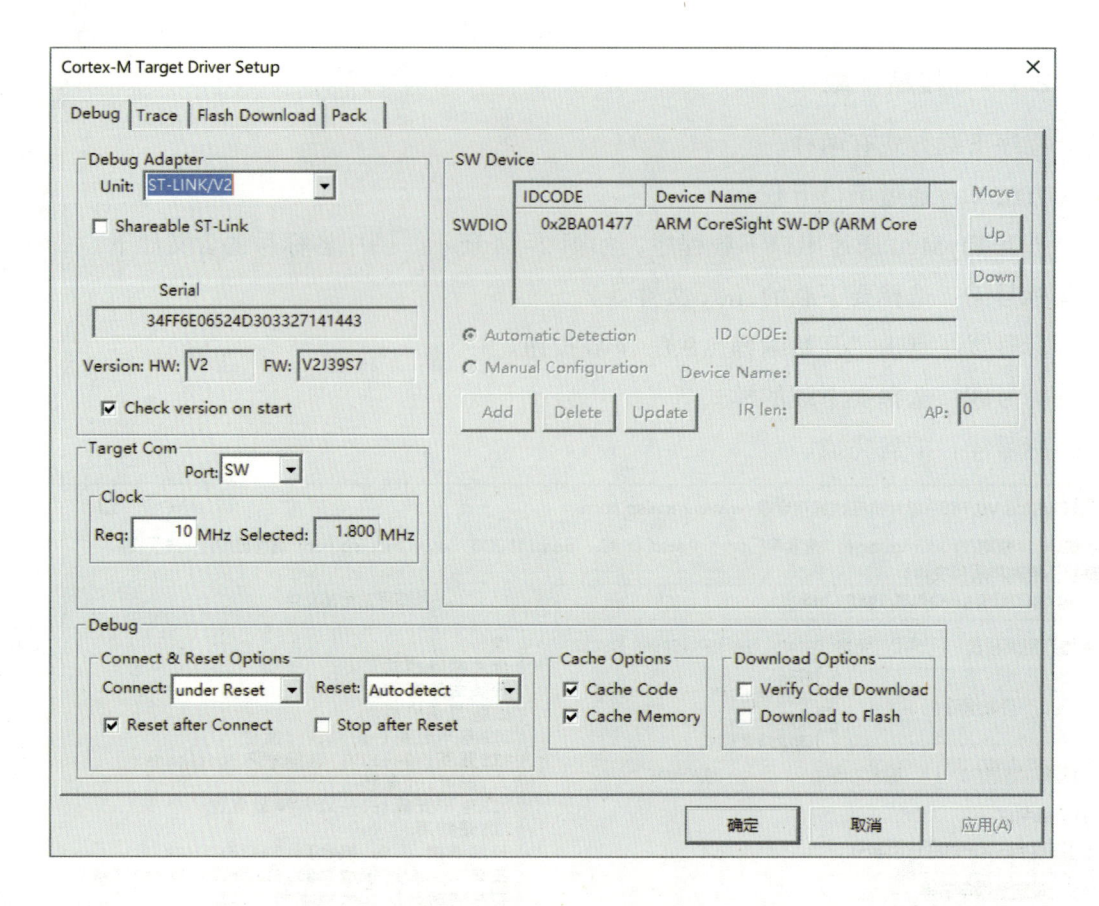

图 2-15　ST-LINK 设置

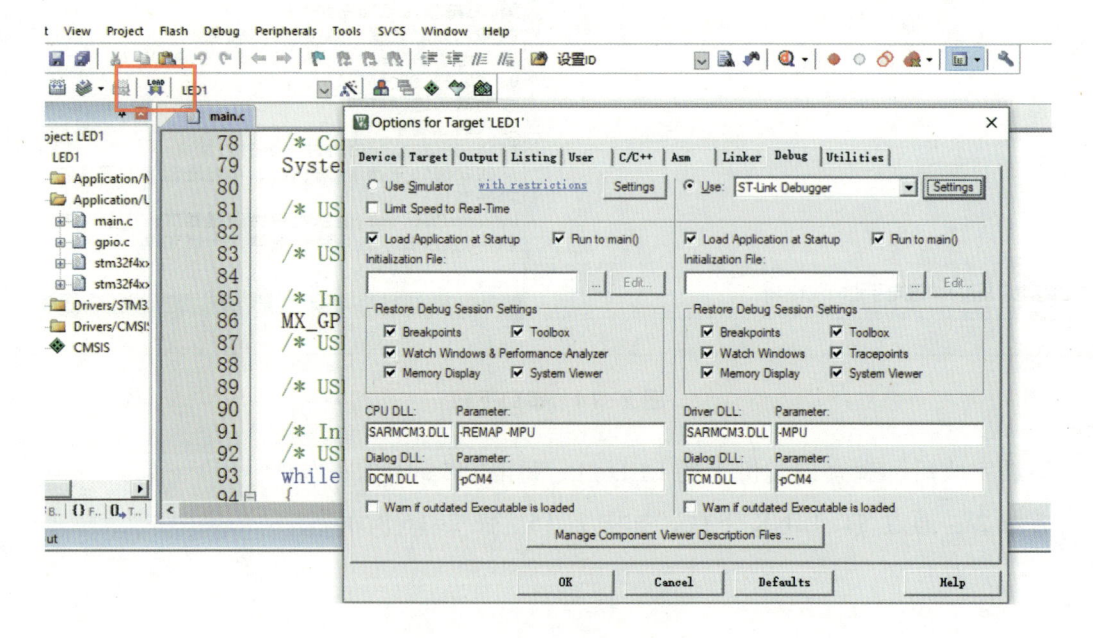

图 2-16　ST-LINK 下载

2.1.5 知识扩展

1. 工程结构分析

打开工程,如图 2-17 所示。

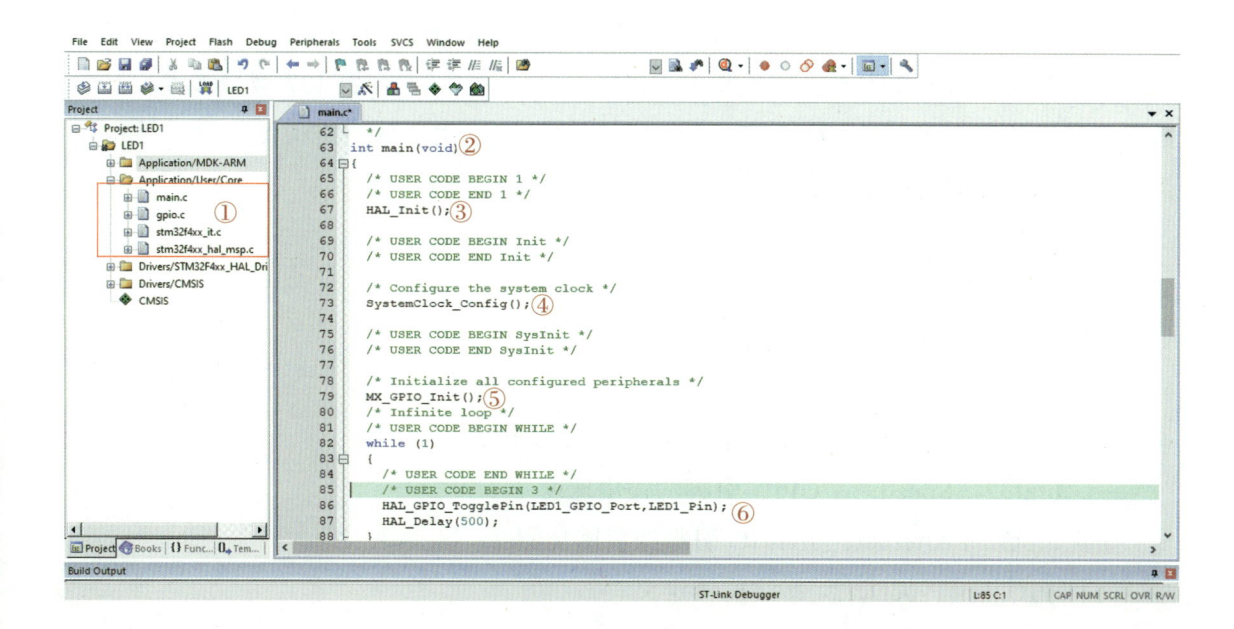

图 2-17 工程代码

整个工程的源文件被分为 4 个组。"Application/MDK-ARM"里存放的是 STM32 芯片的启动文件,用汇编语言编写。"Application/User/Core"里存放的是用户文件,如图 2-17 中标号①处所示。其中"main.c"为主程序文件,"gpio.c"为 GPIO 初始化相关程序,"stm32f4xx_it.c"存放各种中断服务函数。"Drivers/STM32F4xx_HAL_Driver"里存放的是底层驱动 HAL 库函数,由 STM32CubeMX 自动生成。"Drivers/CMSIS"里存放的是 STM32 芯片核心驱动库函数。用户编写的程序主要存放在"Application/User/Core"组中。

用户编写的程序可添加于各个"USER CODE BEGIN"与"USER CODE END"标识之间,如图 2-17 中标号②所示,系统初始化与主循环函数功能如表 2-1 所示。

表 2-1 相关库函数

编 号	函数名	函数功能
标号③	HAL_Init()	系统外设初始化
标号④	SystemClock_Config()	系统时钟初始化
标号⑤	MX_GPIO_Init()	功能初始化
标号⑥	While(1)	主循环

2. GPIO 工作模式配置

GPIO 工作模式配置相关的函数 API 主要位于"stm32f4xx_hal_gpio.c"和"stm32f4xx_hal_gpio.h"文件中。利用 HAL 库进行应用开发时，各外设的初始化一般通过对初始化结构体的成员赋值来完成。某个 GPIO 端口的初始化函数原型如下。

void HAL_GPIO_Init（GPIO_TypeDef *GPIOx, GPIO_InitTypeDef *GPIO_Init）

第一个参数用来指定需要初始化的 GPIO 端口，对于 STM32F407 型号来说，该参数的取值范围是 GPIOA ～ GPIOG。第二个参数是初始化参数的结构体指针，结构体类型为 GPIO_InitTypeDef，其原型定义如下。

```
typedef struct
{
    uint32_t Pin;        //要初始化的 GPIO 引脚
    uint32_t Mode;       //GPIO 引脚的工作模式
    uint32_t Pull;       //GPIO 引脚的上拉/下拉形式
    uint32_t Speed;      //GPIO 引脚的输出速度
    uint32_t Alternate;  //GPIO 引脚的复用功能
}GPIO_InitTypeDef;       //结构体定义
```

GPIO 的工作模式主要有以下几种。

（1）GPIO_MODE_INPUT：输入模式。

（2）GPIO_MODE_OUTPUT_PP：推挽输出模式。

（3）GPIO_MODE_OUTPUT_OD：开漏输出模式。

（4）GPIO_MODE_AF_PP：推挽复用模式。

（5）GPIO_MODE_AF_OD：开漏复用模式。

（6）GPIO_MODE_AF_INPUT：复用输入模式。

（7）GPIO_MODE_ANALOG：模拟量输入模式。

"void HAL_GPIO_TogglePin（GPIO_TypeDef * GPIOx, uint16_t GPIO_Pin）"可实现某个 GPIO 引脚的状态切换，比如由高电平切换为低电平或由低电平切换为高电平。

2.2 任务 2：LED 流水灯应用开发

2.2.1 任务要求

本任务要求设计一个 LED 流水灯系统，具体要求如下。

系统中有 4 个 LED 灯，分别是 LED5～LED8。系统上电时，4 个 LED 灯默认为熄灭状态。接下来 4 个 LED 灯依次点亮，即 LED5 点亮 1 s 后熄灭，然后 LED6 点亮 1 s 后熄灭……最后 LED8 点亮 1 s 后熄灭，并以此循环往复。

2.2.2 流水灯硬件连接

流水灯的硬件连接示意图如图 2-18 所示。

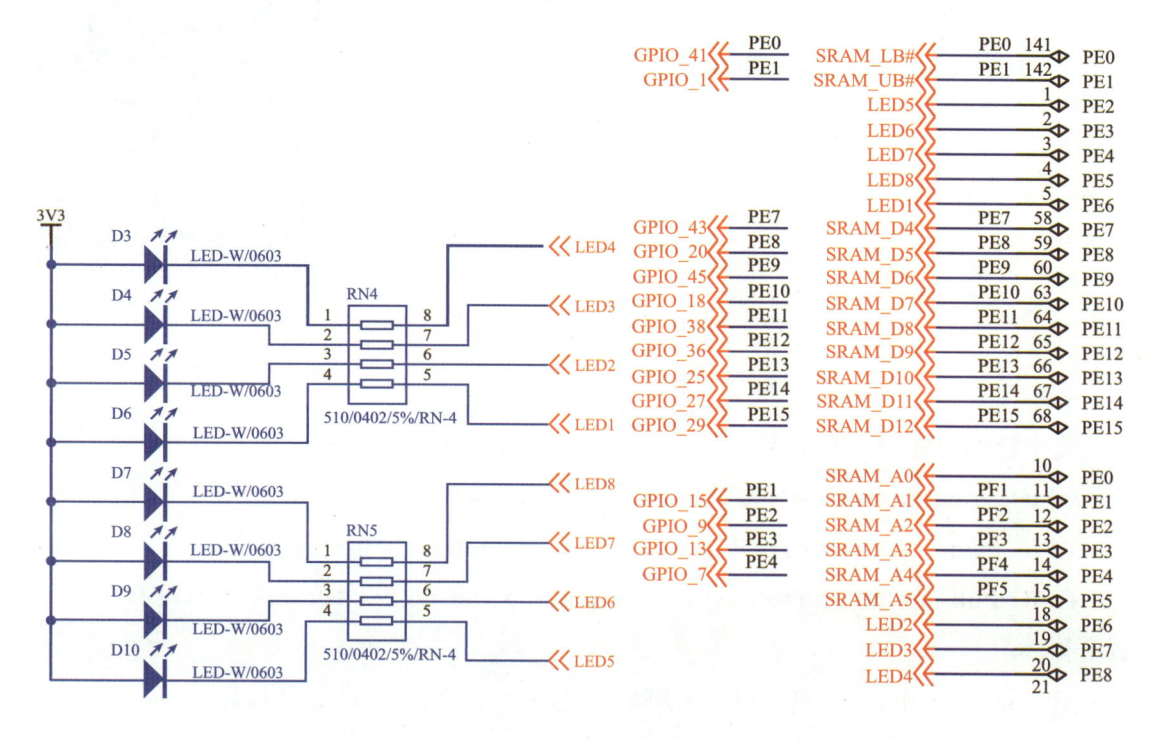

图 2-18　硬件连接示意图

2.2.3 任务实施

1. 新建 STM32CubeMX 工程

选择 MCU 型号，配置调试端口，配置 MCU 时钟树参考任务 1 相关内容。

2. 配置 LED 灯相关的 GPIO 功能

本任务中的 4 个 LED 灯分别与 MCU 的 PE2～PE5 相连。在 STM32CubeMX 的配置主界面，分别用鼠标左键点击 MCU 的相应引脚，选择功能"GPIO_Output"，如图 2-19 所示。

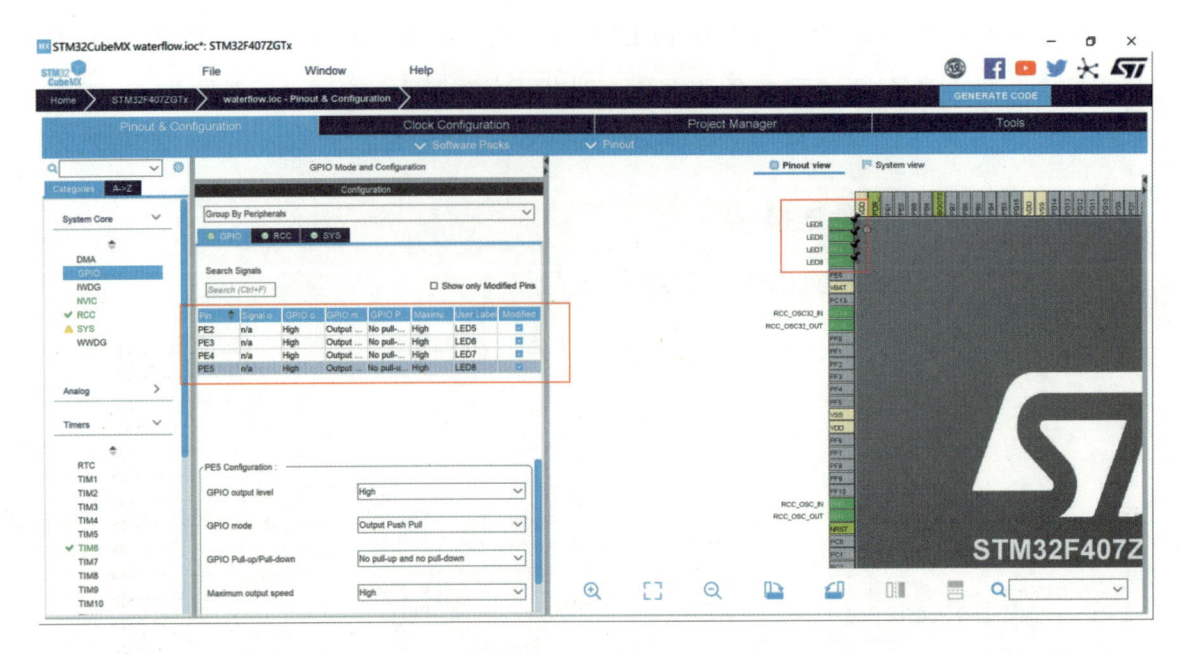

图 2-19　GPIO 设置

每个管脚的配置说明如下。

GPIO output level：选择默认输出低电平（Low）。

GPIO mode：选择输出模式为"Output Push Pull"，即推挽输出模式。

GPIO Pull-up/Pull-down：选择"no pull-up and no pull-down"，即没有上拉或者下拉。

Maximum output speed：设置管脚输出速度，选择"high"，即最高。

User label：设置管脚标签，用户可以自定义名字。

3. 定时器的配置

如图 2-20 所示，选择定时器"TIM6"，勾选"Activated"（激活）复选框（图 2-20 中标号②处）。将"Prescaler（PSC-16 bits value）"（分频系数）配置为"84000000/10000-1"（图 2-20 中标号③处），即将定时器 TIM6 的时钟频率配置为 10 kHz。将 Counter Mode 配置为"Up"，即定时器向上计数（图 2-20 中标号④处），将"Counter Period（AutoReload Register-16bits value）"（定时器周期，自动重载寄存器值）配置为"10000-1"（图 2-20 中标号⑤处），即定时器的更新周期为 1 s。

图 2-20　定时器设置

4. 中断优先级设置

如图 2-21 所示，选择"NVIC"选项（图 2-21 中标号①处）。勾选"TIM6 global interrupt…"使定时器 TIM6 全局中断，如图 2-21 中标号②所示。然后将其抢占优先级配置为"1"级，最后勾选"Enabled"使能中断，如图 2-21 中标号③所示。

图 2-21　定时器优先级设置

5. 生成工程

生成工程代码如图 2-22 所示。

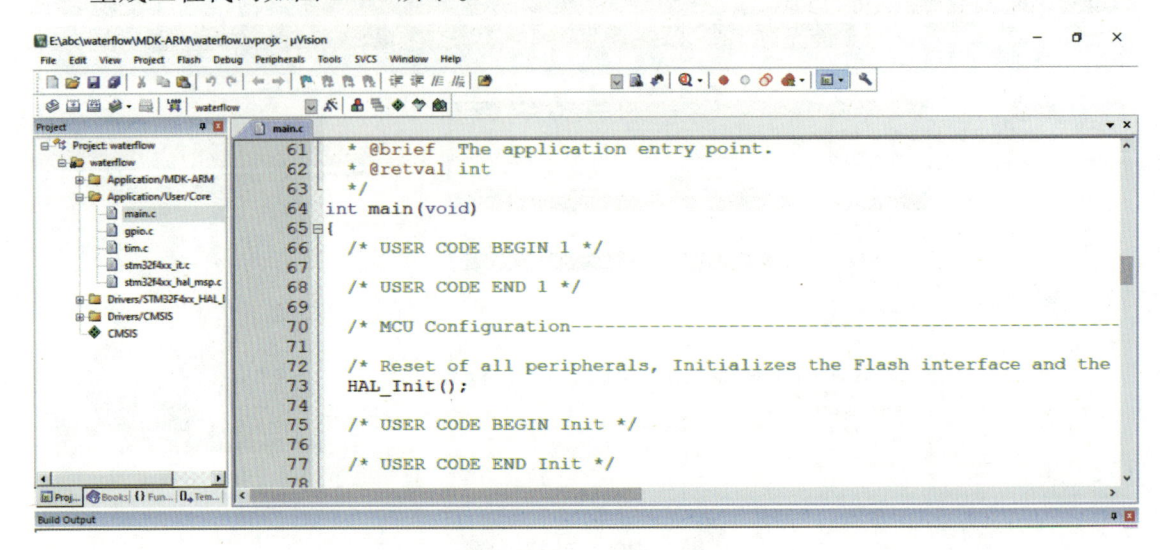

图 2-22　生成工程代码

6. 完善代码

第一步：启动中断，在 main.c 中添加以下代码。

```
/* USER CODE BEGIN 2 */
if（HAL_TIM_Base_Start_IT（&htim6）!= HAL_OK）
{
 Error_Handler（）;
}
/* USER CODE END 2 */
```

第二步：编写 TIM6 中断服务程序。

首先，在 main.c 中定义公共变量 num。

```
    /* USER CODE BEGIN PV */
      uint16_t num = 0x40;
    /* USER CODE END PV */
```

其次，添加 TIM6 中断服务程序。

```
/* USER CODE BEGIN 4 */
void HAL_TIM_PeriodElapsedCallback（TIM_HandleTypeDef *htim）
{
  if（TIM6 == htim->Instance）
```

```
    {
        num = num>>1;
        if（num == 0x02）
            num = 0x40;
        HAL_GPIO_WritePin（GPIOE，0x3c，GPIO_PIN_RESET）;
        HAL_GPIO_WritePin（GPIOE，num，GPIO_PIN_SET）;
    }
}
/* USER CODE END 4 */
```

编辑完成后，全部编译，得到下载文件 waterflow.hex。

2.2.4　程序下载

参考任务 1，下载 .hex 文件到口袋机中，观察实验现象。

2.2.5　知识扩展

1. 定时器的介绍

STM32F407 型号 MCU 共有 14 个定时器，编号为 TIM1 ～ TIM14，其中包括 2 个高级控制定时器（TIM1，TIM8）、10 个通用定时器（TIM2 ～ TIM5，TIM9 ～ TIM14）和 2 个基本定时器（TIM6，TIM7）。上述三种类型的定时器中，基本定时器的功能最少，只有基本的定时功能和驱动数模转换器（digital to analog converter，DAC）的功能，不具备外部通道。通用定时器和高级控制定时器的功能较强大，如具有独立的外部通道，可用于输入捕获、输出比较、PWM（pulse width modulation）信号输出等，支持正交编码器与霍尔传感器等电路。

2. 定时器的基本定时功能

本任务使用 STM32F407 微控制器的基本定时器，其功能框架图如图 2-23 所示。

基本定时器包含三部分：时钟源（图 2-23 中标号①处）、控制器模块（图 2-23 中标号②处）和时基单元（图 2-23 中标号③处）。

时基单元包括以下三部分。

（1）计数器寄存器（TIMx_CNT）。计数器寄存器中存储了定时器当前的计数值。

（2）预分频器寄存器（TIMx_PSC）。从图 2-23 中可以看到，预分频器的输入为 CK_PSC（等于 CK_INT），经分频，输出为 CK_CNT 时钟，分频系数由 16 位预分频器寄存器（TIMx_PSC）中的值决定，介于 1 和 65 536 之间。

CK_CNT 的时钟频率与 CK_PSC 的时钟频率关系为 f CK_CNT = f CK_PSC /（TIMx_PSC + 1）。

（3）自动重载寄存器（TIMx_ARR）。自动重载寄存器由两部分构成：预装载寄存器和影子寄存器，真正起作用的是影子寄存器。自动重载寄存器支持预装载，每次尝试对它执行读写操作时，都会访问预装载寄存器。预装载寄存器的内容既可以直接传输到影子寄存器，也可以在每次发生更新事件（UEV）的时候传输到影子寄存器。

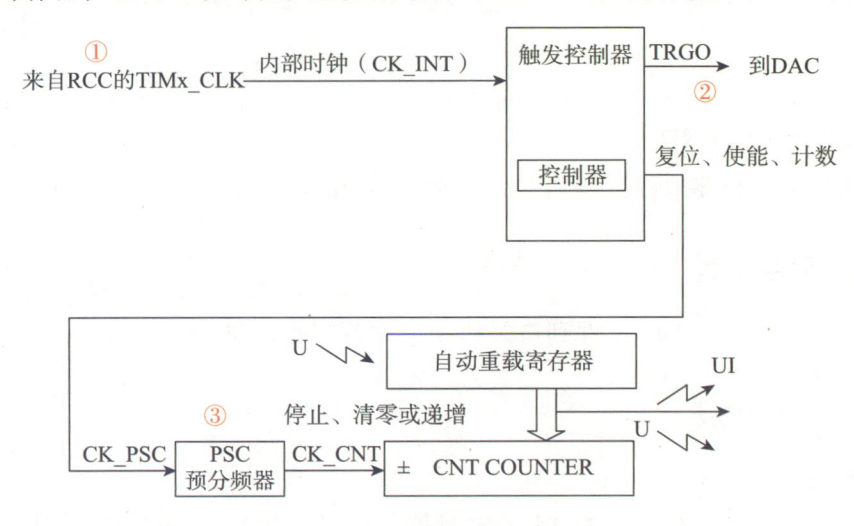

图 2-23　定时器的功能框架图

3. 定时器基本初始化结构体

在基于 HAL 库的应用程序开发中，定时器工作参数的配置是通过"定时器基本初始化结构体"来完成的，其原型定义如下。

typedef struct
{
uint32_t Prescaler; // 定时器时钟源分频系数
uint32_t CounterMode; // 计数模式
uint32_t Period; // 周期（自动重载值）
uint32_t ClockDivision; // 定时器内部时钟分频系数
uint32_t RepetitionCounter; // 重复计数值
uint32_t AutoReloadPreload; // 是否启用预加载功能
} TIM_Base_InitTypeDef;

4. 配置定时器的工作参数

根据本任务的要求，LED 流水灯每隔 1 s 切换一次显示效果，因此可以使能 TIM6 的更新中断，并将时间间隔配置为 1 s。

（1）配置 CK_CNT 频率。TIM6 挂载在 APB1 总线上，定时器时钟源频率（CK_INT = CK_PSC）为 84 MHz。可将 TIMx_PSC 配置为 8399，根据计算公式可得：

$$f\text{CK\_CNT} = 84\text{ MHz} / (8399+1) = 10\,000\text{ Hz}（周期为 100\text{ μs}）$$

（2）配置自动重载寄存器 TIMx_ARR 值。1 s（1 000 000 μs）÷ 100 μs=10 000=（TIMx_ARR+1），即 TIMx_ARR=10 000−1=9999。

2.2.6 思考题

如何实现 8 个 LED 流水灯。

2.3 任务 3：按键控制呼吸灯应用开发

2.3.1 任务要求

本任务要求设计一个可通过按键进行控制的呼吸灯系统，具体要求如下。
（1）使用外部中断实现按键功能。
（2）LED 灯的显示效果为"逐渐变亮"然后"逐渐变暗"。

系统刚上电时，LED 灯为关闭状态。第奇数次按下按键，LED 灯显示呼吸灯效果；第偶数次按下按键，LED 灯关闭，并以此循环往复。

2.3.2 硬件连接

按键与呼吸灯的硬件连接示意图如图 2-24 所示，其中触摸按键的 GPIO 引脚为 PD6，呼吸灯 LED8 与 GPIO 引脚 PE5 相连。

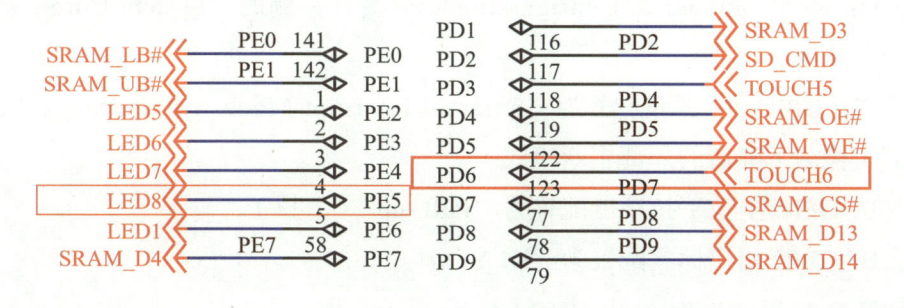

图 2-24 硬件连接

2.3.3 任务实施

1. 新建 STM32CubeMX 工程

选择 MCU 型号，配置调试端口，配置 MCU 时钟树参考任务 1 相关内容。

2. 配置外部中断按键 GPIO 功能

在 STM32CubeMX 的配置主界面中，用鼠标左键点击 MCU 的"PD6"引脚，选择功能"GPIO_EXTI6"，如图 2-25 中标号⑤所示。

图 2-25　GPIO 设置

对图 2-25 中其他标号的配置说明如下。

标号①：展开"Pinout & Configuration"标签页左侧的"System Core"选项，选择"GPIO"选项。

标号②：GPIO 模式配置为"External Interrupt Mode with Falling edge trigger detection"（检测下降沿的外部中断模式）。

标号③：GPIO 上拉下拉功能配置为"Pull-up"（上拉）。

标号④：GPIO 用户标签配置为"KEY"。

3. 配置定时器 TIM9 输出 PWM 信号

在 STM32CubeMX 的配置主界面中，用鼠标左键点击 MCU 的"PE5"引脚，选择功能"TIM9_CH1"，将 PE5 引脚功能配置为 TIM9 的 CH1 输出通道，如图 2-26 中标号①所示。依次根据图 2-26 中标号②、标号③和标号④处所显示的内容进行设置。

图 2-26　定时器设置

4. 配置 TIM9 输出 PWM 信号

如图 2-27 所示为配置 TIM9 输出 PWM 信号。

图 2-27　PWM 设置

图中各标号的含义如下。

标号①：展开"Pinout & Configuration"标签页左侧的"Timers"选项，选择"TIM9"选项。

标号②：将 TIM9 的时钟源配置为"Internal Clock"（内部时钟）。

标号③：配置 TIM9 的通道 1 输出 PWM 信号 PWM Generation CH1。

标号④：配置 TIM9 的分频系数为 167。

标号⑤：配置自动重载值为 99。

标号⑥：配置 TIM9 输出的 PWM 信号为"PWM mode 1"模式。

标号⑦：配置 PWM 信号输出极性为"Low"，即有效电平为低电平、无效电平为高电平。

5. 配置按键 NVIC

要使用外部中断实现按键功能，在配置好按键所对应的 GPIO 功能以后，还应进行 NVIC 的配置。展开"Pinout & Configuration"标签页左侧的"System Core"选项，点击图 2-28 中标号①处的"NVIC"选项，然后勾选使能外部中断（图 2-28 中标号②处），最后配置中断的优先级（图 2-28 中标号③处）。

图 2-28 优先级设置

6. 生成工程

设置完成后，生成工程代码，如图 2-29 所示。

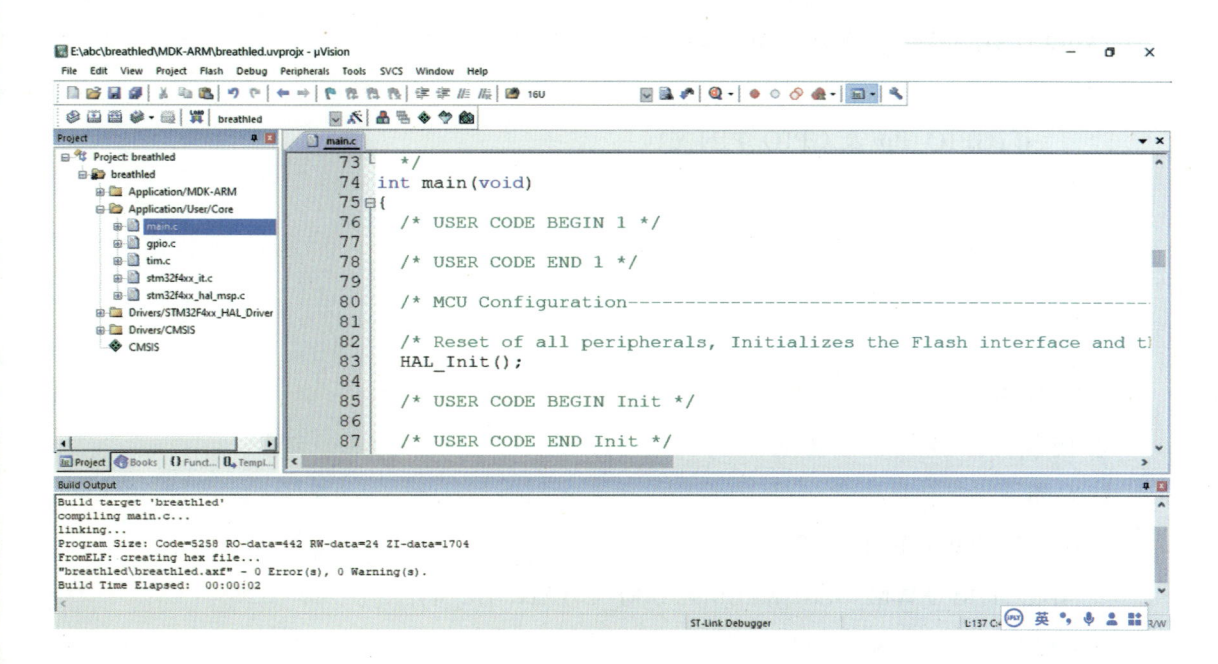

图 2-29 初始工程代码

2.3.4 完善代码

1. 定义相关变量，编写按键外部中断回调函数

在 main.c 中添加相关变量。

/* USER CODE BEGIN PTD */

typedef enum
 {
   count_up = 0x01,
    count_down,
} pwm_mode_enum_TypeDef;

  pwm_mode_enum_TypeDef pwm_mode = count_up;

  uint8_t keydown_flag = 0;

  uint8_t pwm_enable = 0;

static uint16_t pwm_value = 0;

  /* USER CODE END PTD */

添加以下按键外部中断回调函数代码。

/* USER CODE BEGIN 4 */

```c
void HAL_GPIO_EXTI_Callback(uint16_t GPIO_Pin)
{
    if (GPIO_Pin & GPIO_PIN_6)
    {
      keydown_flag = 1;
    }
}
 /* USER CODE END 4 */
```

2. 使能 TIM9 输出 PWM 信号

代码如下。

```c
/* USER CODE BEGIN 2 */
    HAL_TIM_PWM_Start(&htim9, TIM_CHANNEL_1);
/* USER CODE END 2 */
```

3. 编写主循环程序

主循环程序代码如下。

```c
while (1)
 {
    if (keydown_flag == 1)
     {
      HAL_Delay(10);
      if (keydown_flag == 1)
      {
         keydown_flag = 0;
         if (pwm_enable == 0)
            pwm_enable = 1;
         else if (pwm_enable == 1)
            pwm_enable = 0;
      }
    }
 /* USER CODE END WHILE */
 /* USER CODE BEGIN 3 */
 if (pwm_enable == 1)
```

```
{
    if (pwm_value == 0)
    {
        pwm_mode = count_up;
    }
    else if (pwm_value == 20)
    {
        pwm_mode = count_down;
    }
    if (pwm_mode == count_up)
    {
        pwm_value++;
    }
    if (pwm_mode == count_down)
    {
        pwm_value--;
    }
    __HAL_TIM_SET_COMPARE(&htim9, TIM_CHANNEL_1, pwm_value);
    // 对 CCRY 寄存器进行赋值
}
else if (pwm_enable == 0)
{
    __HAL_TIM_SET_COMPARE(&htim9, TIM_CHANNEL_1, 0);
}
HAL_Delay(50);
}
```

2.3.5 程序下载

参考任务 1，下载 .hex 文件，观看实验现象。

2.3.6 知识扩展

1. STM32F4 系列的中断管理

STM32F4 系列微控制器支持多个中断，具有 82 个可屏蔽中断通道、16 个可编程优先级（使用了 4 位中断优先级），可实现低延迟异常和中断处理、电源管理控制、系统控制寄存器。嵌套向量中断控制器（nested vectored interrupt controller, NVIC）是 Cortex-M4 内核的外设，它控制 MCU 中与中断配置相关的功能。STM32F4 系列微控制器的中断优先级管理采取了分组的理念，将优先级分为"抢占优先级"与"子优先级"。优先级分组由系统控制基本寄存器组（system control base registers, SCB）中的应用程序中断和复位控制寄存器（application interrupt and reset control register, AIRCR）中的 PRIGROUP[10:8] 位段决定，共分为 5 个组别，如表 2-2 所示。

表 2-2 优先级分组

组 别	PRIGROUP[10:8]	抢占优先级	子优先级	抢占优先级	子优先级
0	011	4	None	16 级	None
1	100	3	1	8 级	2 级
2	101	2	2	4 级	4 级
3	110	1	3	2 级	8 级
4	111	0	4	None	16 级

对"抢占优先级"和"子优先级"在程序执行过程中的判定规则说明如下。

（1）若两个中断的"抢占优先级"与"子优先级"都相同，则哪个中断先发生就先执行哪个中断。

（2）"抢占优先级"高的中断可以打断"抢占优先级"低的中断。

（3）若两个中断的"抢占优先级"相同，当两个中断同时发生时，"子优先级"高的中断先执行，且"子优先级"高的中断不能打断"子优先级"低的中断。

2. STM32F4 的外部中断

外部中断/事件控制器包含多达 23 个用于产生事件/中断请求的边沿检测器。每根输入线都可单独进行配置，以选择类型（中断或事件）和相应的触发事件（上升沿触发、下降沿触发或边沿触发）。每根输入线还可单独屏蔽，挂起寄存器用于保持中断请求的状态线。MCU 本身的 GPIO 引脚数量大于 16，因此需要制定 GPIO 引脚与中断线映射的规则。ST 公司制定的规则如下：所有 GPIO 端口的引脚 0 共用 EXTI0，引脚 1 共用 EXTI1，以此类推，引脚 15 共用 EXTI15，使用前再将某个 GPIO 引脚与中断线进行映射。例如，PA0、PB0、PC0…PI0 共用 EXTI0 中断线，使用前将 EXTI0 中断线与某 GPIO 端口的引脚 0 进行映射。

外部中断/事件线与 GPIO 之间的映射如图 2-30 所示。

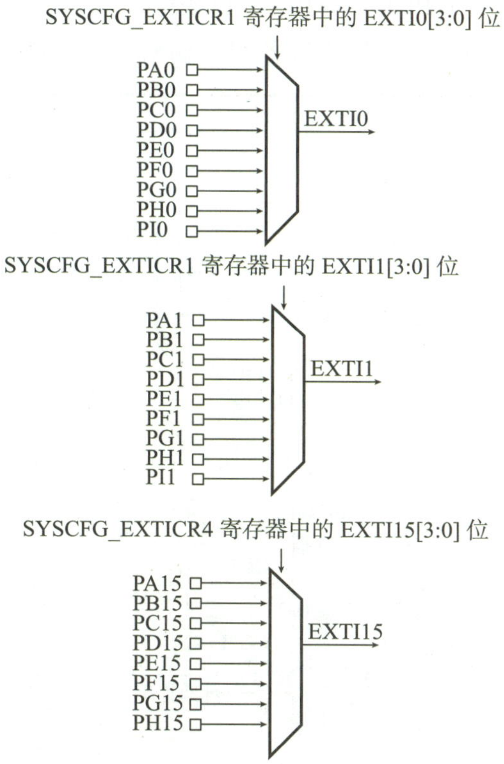

图 2-30 外部中断/事件线与 GPIO 间的映射

另外 7 根 EXTI 线连接方式如下。

（1）EXTI16 连接到 PVD 输出。

（2）EXTI17 连接到 RTC 闹钟事件。

（3）EXTI18 连接到 USB OTG FS 唤醒事件。

（4）EXTI19 连接到以太网唤醒事件。

（5）EXTI20 连接到 USB OTG HS（在 FS 中配置）唤醒事件。

（6）EXTI21 连接到 RTC 入侵和时间戳事件。

（7）EXTI22 连接到 RTC 唤醒事件。

3. STM32F4 的高级控制定时器和通用定时器

STM32F4 的高级控制定时器和通用定时器相对于基本定时器，增加了外部通道引脚，支持输入捕获、输出比较等功能，部分定时器还支持增量（正交）编码器和霍尔传感器电路接口。STM32F4 的高级控制定时器相比通用定时器，又增加了可编程死区互补输出、重复计数器和刹车（断路）等有利于工业电机控制的高级功能。

根据本任务的要求，LED 显示呼吸灯效果需要以 PWM 信号为控制信号。只有高级控制定时器或者通用定时器才具有比较输出通道，因此可选取通用定时器 TIM9 作为

PWM 信号输出的定时器。通用定时器由六部分构成，分别是时钟源、控制器模块、时基单元、输入捕获模块、捕获/比较寄存器组和输出比较模块，如图 2-31 所示。

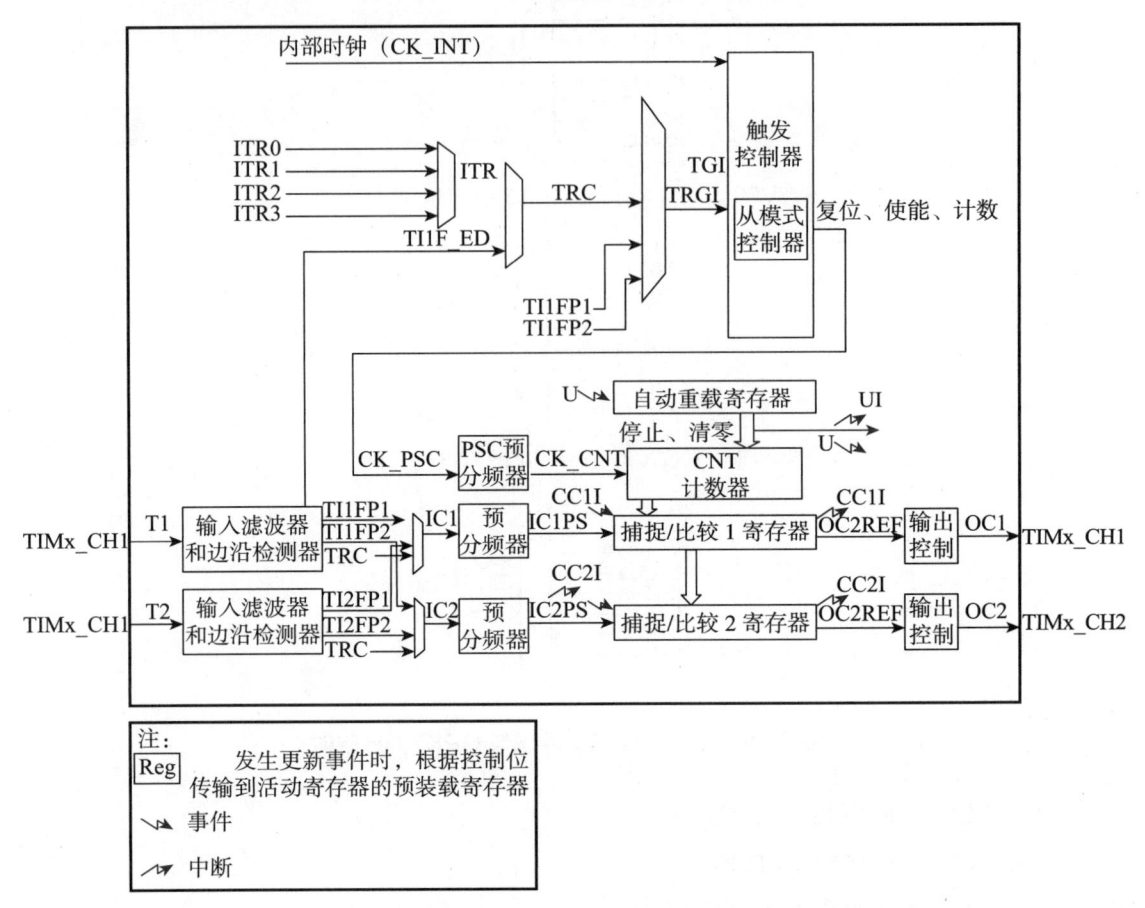

图 2-31 通用定时器构成

4. PWM 介绍

脉冲宽度调制（pulse width modulation, PWM）简称脉宽调制，它是一种利用微处理器的数字输出对模拟电路进行控制的技术，其被广泛应用于测量、通信、功率控制与变换等领域。

脉冲宽度调制可对模拟信号电平进行数字编码。使用高分辨率计数器来调制方波的占空比，可对一个具体模拟信号的电平进行编码。PWM 信号是数字信号，因为在给定的任何时刻，满幅值的直流供电要么完全有（ON），要么完全无（OFF）。电压或电流源是以一种通（ON）或断（OFF）的重复脉冲序列被加到模拟负载上的。通的时候即直流供电被加到负载上的时候，断的时候即供电被断开的时候。只要带宽足够，任何模拟值都可以使用 PWM 进行编码。PWM 采用调整脉冲占空比的方式达到调整电压与电流的效果。例如，在 1 ms 内，高电平占 0.3 ms，低电平占 0.7 ms，则 LED 灯通电 0.3 ms，断电 0.7 ms，这样的脉冲占空比为 30%。STM32 微控制器的定时器可输出两种模式的 PWM 信号：PWM1 和 PWM2，分别如图 2-32 和图 2-33 所示。

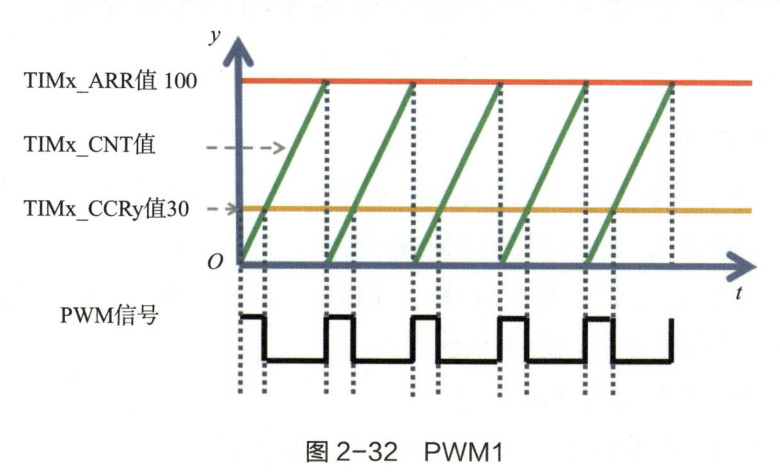

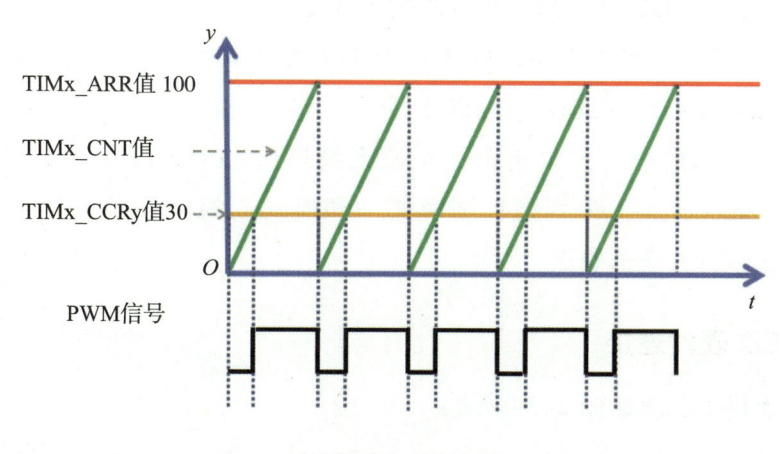

图 2-32　PWM1

图 2-33　PWM2

PWM 信号的生成样式与计数器寄存器（TIMx_CNT）、自动重载寄存器（TIMx_ARR）以及捕获/比较寄存器（TIMx_CCRy）有关。

以图 2-32 为例，TIMx_ARR 的值被设置为 100，TIMx_CCRy 的值被设置为 30，设置定时器为递增计数模式，TIMx_CNT 从 0 开始计数。当 TIMx_CNT < TIMx_CCRy 时，PWM 输出有效；当 TIMx_CCRy ≤ TIMx_CNT < TIMx_ARR 时，PWM 输出无效；当 TIMx_CNT=TIMx_ARR 时，TIMx_CNT 又从 0 开始计数，如此循环往复。具体的 PWM 输出极性参数（高电平有效还是低电平有效）可根据应用需求进行配置。

综上所述，PWM 信号的频率由 TIMx_ARR 寄存器的值决定，而占空比则由 TIMx_CCRy 寄存器的值决定。

2.4 任务4：串行通信控制 LED 应用开发

2.4.1 任务要求

本任务要求设计一个 LED 流水灯系统，该系统与上位机之间通过串行通信接口相连。上位机可发送命令对 LED 流水灯系统进行控制，具体要求如下。

系统中有 4 个 LED 灯，分别是 LED1～LED4。系统上电时，4 个 LED 灯默认为熄灭状态。系统运行时，4 个 LED 灯依次点亮。

LED 流水灯的工作模式有两种。

模式一：4 个 LED 灯依次点亮，每个 LED 灯点亮 1 s 后熄灭，然后切换为另一个，点亮顺序为 LED1，LED2…LED4，并以此循环往复。

模式二：4 个 LED 灯依次点亮，每个 LED 灯点亮 1 s 后熄灭，然后切换为另一个，点亮顺序为 LED4，LED3…LED1，并以此循环往复。

上位机以串行通信的方式发送命令至该系统进行 LED 流水灯工作模式的切换，"mode_1#" 和 "mode_2#" 分别是控制模式一和模式二的命令，命令 "stop#" 控制 LED 流水灯停止运行并全部熄灭。

2.4.2 LED 硬件连接

LED 硬件连接示意图如图 2-34 所示。

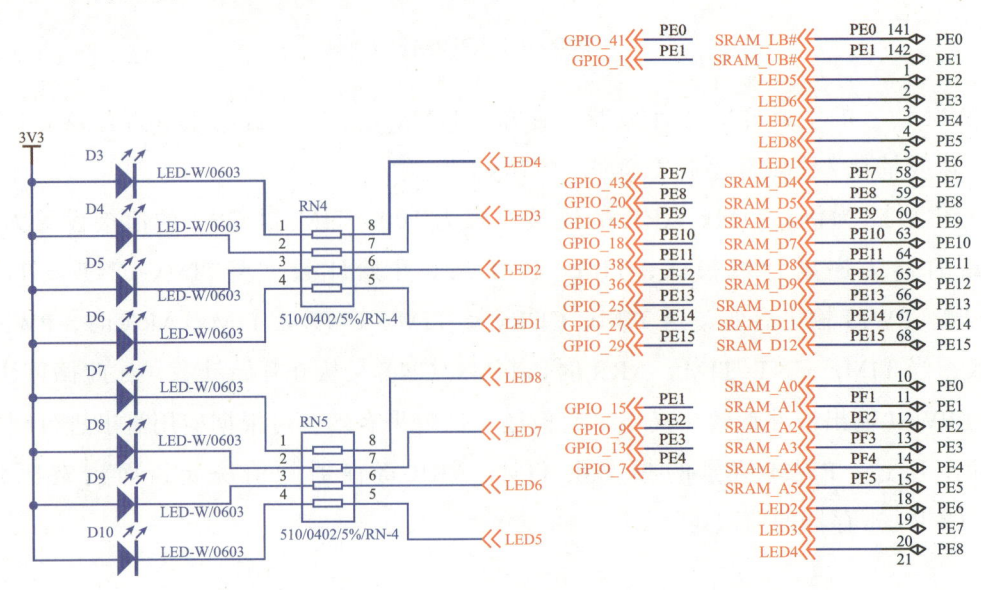

图 2-34 硬件连接

2.4.3 任务实施

1. 新建 STM32CubeMX 工程

选择 MCU 型号，配置调试端口，配置 MCU 时钟树参考任务 1 相关内容。

2. 配置 LED 灯相关的 GPIO 功能

本任务的 4 个 LED 灯分别与 MCU 的 PE2～PE5 相连。具体过程参考任务 2。

3. 配置 USART 外设的工作参数

展开"Pinout & Configuration"标签页左侧的"Connectivity"选项（图 2-35 中标号①），选择"USART1"选项（图 2-35 中标号②）。

图中其他标号的含义如下。

标号③：将 USART1 的模式配置为"Asynchronous"（异步）。

标号④：配置 USART1 的"Baud Rate"（波特率）为 115 200 bits/s。

标号⑤：设置"Word Length"为 8 位。

标号⑥：配置"Data Direction"（数据方向）为"Receive and Transmit"（接收与发送）。

标号⑦：已配置好功能的引脚显示。

4. 配置 USART1 的 NVIC

点击"NVIC"标签，再点击图 2-36 中标号①处，勾选"Enabled"复选框使能 USART1 的"global interrupt"（全局中断）。其中断优先级保留默认配置：抢占优先级"0"，子优先级"0"（图 2-36 中标号②处）。

图 2-35　串口配置

图 2-36　优先级设置

5. 生成工程代码

点击"GENERATE CODE"（生成代码）按钮，生成串行通信控制 LED 灯系统的初始 C 语言代码工程。如图 2-37 所示。

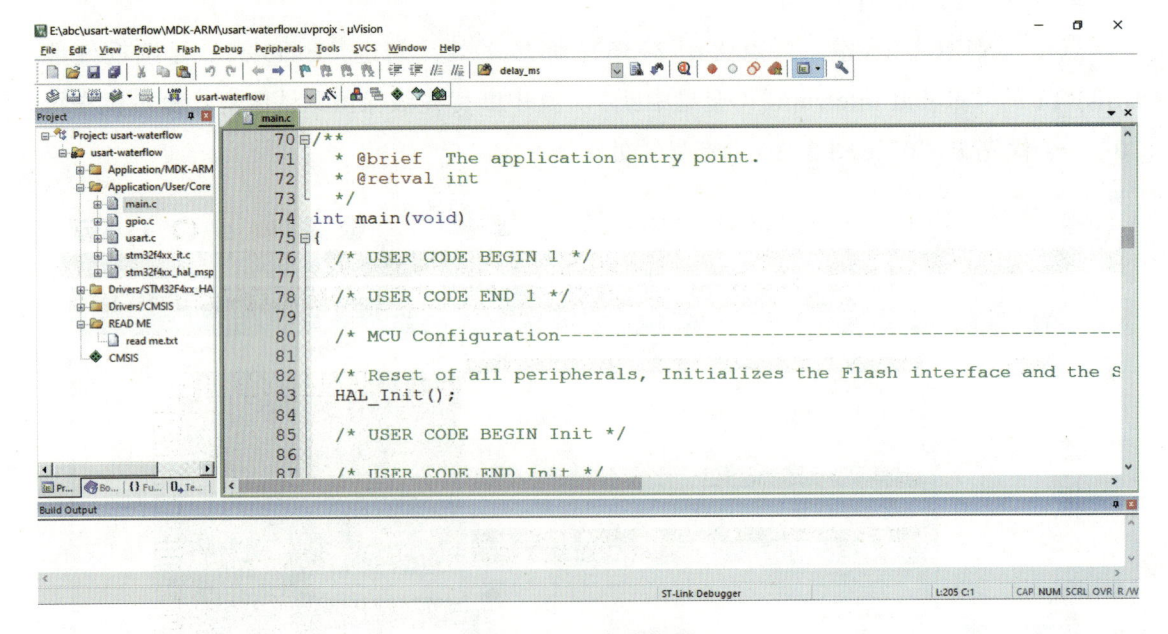

图 2-37　生成代码

2.4.4 完善代码

1. 将 USART 发送函数重定向到 printf() 函数

为了方便 USART 发送数据,可将 USART 发送函数重定向到 printf() 函数。

在"usart.h"中输入以下代码:

  /* USER CODE BEGIN Includes */

   #include <stdio.h>

  /* USER CODE END Includes */

在"usart.c"中输入以下代码:

/* USER CODE BEGIN 0 */

  int fputc(int ch,FILE *f)

  {

    HAL_UART_Transmit(&huart1,(uint8_t *)&ch,1,0xffff);

    return ch;

  }

/* USER CODE END 0 */

调用 printf() 前要先勾选 Use MicroLIB,如图 2-38 所示。

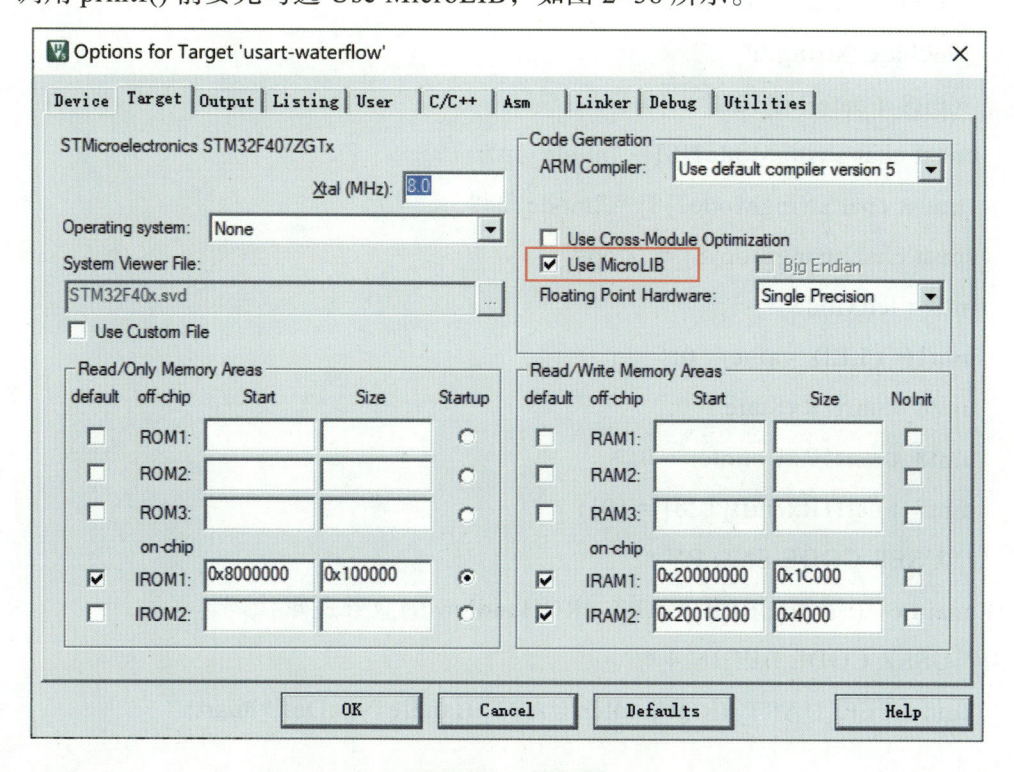

图 2-38 软设置

2. 修改中断服务程序

将"stm32f4xx_it.c"文件中的中断服务程序 USART1_IRQHandler() 中的"HAL_UART_IRQHandler(&huart1)"修改为"USER_UART_IRQHandler(&huart1)"。修改后的代码如下。

```
void USART1_IRQHandler(void)
{
  /* USER CODE BEGIN USART1_IRQn 0 */
  USER_UART_IRQHandler(&huart1);
  /* USER CODE END USART1_IRQn 1 */
}
```

3. 编写用户自定义的 USART 接收中断服务函数

在 main.h 中输入以下代码。

```
/* USER CODE BEGIN EFP */
  void USER_UART_IRQHandler(UART_HandleTypeDef *huart);
/* USER CODE END EFP */
```

在 main.c 中输入以下代码。

```
  /* USER CODE BEGIN PV */
  #include "string.h"
  uint8_t dataBuf[128] = {0};
const char stringMode1[8] = "mode_1#";
  const char stringMode2[8] = "mode_2#";
const char stringStop[8] = "stop#";
int8_t ledMode = -1;
uint16_t LED_value = 0;
uint8_t uart1RxState = 0;
uint8_t uart1RxCounter = 0;
uint8_t uart1RxBuff[128] = {0};
  /* USER CODE END PV */
```

在 main.c 中编写 USER_UART_IRQHandler 的业务逻辑代码。

```
  /* USER CODE BEGIN 4 */
  void USER_UART_IRQHandler(UART_HandleTypeDef *huart)
  {
```

```c
        if((__HAL_UART_GET_FLAG(&huart1,UART_FLAG_RXNE) != RESET))
        {
            __HAL_UART_ENABLE_IT(&huart1,UART_IT_IDLE);
            uart1RxBuff[uart1RxCounter] = (uint8_t)(huart1.Instance->DR & (uint8_t)0x00ff);
            uart1RxCounter++;
            __HAL_UART_CLEAR_FLAG(&huart1,UART_FLAG_RXNE);
        }
        if((__HAL_UART_GET_FLAG(&huart1,UART_FLAG_IDLE) != RESET))
        {
            __HAL_UART_DISABLE_IT(&huart1,UART_IT_IDLE);
            uart1RxState = 1;
        }
    }
    /* USER CODE END 4 */
```

4. 编写 LED 流水灯显示程序

```c
int main(void)
{
    ............
    /* Initialize all configured peripherals */
    /* USER CODE BEGIN 2 */
    __HAL_UART_ENABLE_IT(&huart1,UART_IT_RXNE);
    printf("usart-waterflow.\r\n");
    /* USER CODE END 2 */
    /* Infinite loop */
    /* USER CODE BEGIN WHILE */
    while (1)
    {
    /* USER CODE END WHILE */
        if(uart1RxState == 1)
        {
            if(strstr((const char *)uart1RxBuff,stringMode1)!=NULL)
```

```
            {
                printf("I'm in mode_1!\r\n");
                ledMode = 1;
                LED_value = 0x20;
            }
            else if(strstr((const char *)uart1RxBuff,stringMode2)!=NULL)
            {
                printf("I'm in mode_2!\r\n");
                ledMode = 2;
                LED_value = 0x04;
            }
            else if(strstr((const char *)uart1RxBuff,stringStop)! = NULL)
            {
                printf("I'm stop!\r\n");
                ledMode = 0;
                LED_value = 0;
            }
        uart1RxState = 0;
        uart1RxCounter = 0;
        memset(uart1RxBuff,0,128);
    }
    HAL_GPIO_WritePin(GPIOE,0x3C,GPIO_PIN_SET);
    HAL_GPIO_WritePin(GPIOE,LED_value,GPIO_PIN_RESET);
    HAL_Delay(1000);
    switch(ledMode)
    {
    case 1:
    LED_value = LED_value>>1;
     if(LED_value==0x02)
     LED_value = 0x40;
     break;
     case 2:
```

```
            LED_value = LED_value<<1;
            if(LED_value==0x40)
            LED_value=0x02;
        break;
            case 0:
            LED_value = 0;
            break;
        }
          /* USER CODE BEGIN 3 */
        }
          /* USER CODE END 3 */
        }
```

2.4.5 程序下载

下载 .hex 文件，完成后，打开电脑串口调试助手，输入相关命令查看 LED 的状态。

2.4.6 知识扩展

1. 通用同步异步收发器

通用同步异步收发器的英文全称是 universal synchronous asynchronous receiver and transmitter，简称 USART。STM32F4 系列微控制器有多个收发器外设（俗称"串口"），可用于串行通信，包括 4 个 USART 和 2 个 UART（通用异步收发器，universal asynchronous receiver and transmitter），它们分别是 USART1、USART2、USART3、USART6、UART4、UART5。UART 与 USART 相比，裁减了同步通信的功能，只有异步通信功能。同步通信与异步通信的区别在于通信中是否需要发送器输出同步时钟信号 USART_CK，实际应用中一般使用异步通信。USART 是 MCU 的重要外设，在程序设计的调试阶段可发挥重要作用。例如，将开发板与 PC 机通过串行通信接口相连后，可将调试信息"打印"到串口调试助手等工具中，开发者可借助这些信息了解程序运行情况。STM32F4 的各个收发器外设的工作时钟来源不同的 APB 总线：USART1 挂载在 APB2 总线上，最大频率为 168 MHz；其他 5 个收发器则挂载在 APB1 总线上，最大频率为 84 MHz。

2. USART 的中断控制

STM32F4 的 USART 支持多种中断事件，与发送有关的中断包括发送完成、清除已发送（CTS 标志）和发送数据寄存器为空；与接收有关的中断包括接收数据寄存器不为空、检测到空闲线路、检测到上溢错误、奇偶校验错误、检测到 LIN 断路、多缓冲通信中的噪声标志、上溢错误和帧错误。以上各中断的事件标志和使能控制位如表 2-3 所示，常用的中断事件有 TC、TXE、RXNE 和 IDLE。

表 2-3 中断标志

时 期	中断事件	事件标志	使能控制位
发送期间	发送完成	TC	TCIE
	清除以发送（CTS 标志）	CTS	CTSIE
	发送数据寄存器为空	TXE	TXEIE
接收期间	接收数据寄存器不为空（准备好读取接收到的数据）	RXNE	RXNEIE
	检测到上溢错误	ORE	RXNEIE
	检测到空闲线路	IDLE	IDLEIE
	奇偶校验错误	PE	PEIE
	检测到 LIN 断路	LBD	LBDIE
	多缓冲通信中的噪声标志、上溢错误和帧错误	NF/ORE/FE	EIE

2.5 任务 5：电池电压监测应用开发

2.5.1 任务要求

本任务要求设计一个可对电池电压进行监测的应用程序，要求每隔 1 s 对电池电压进行采集，采集到的电压值通过串行通信的方式发送至上位机并显示。

2.5.2 硬件连接

微控制器的 PA3 引脚作为 ADC 采集输入，硬件连接示意图如图 2-39 所示。

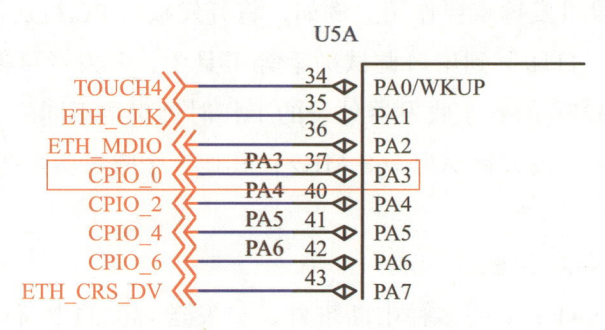

图 2-39 硬件连接示意图

2.5.3 任务实施

1. 新建 STM32CubeMX 工程

选择 MCU 型号，配置调试端口，配置 MCU 时钟树参考任务 1 相关内容。

2. 配置 ADC 外设的工作参数

本任务使用 PA3 引脚作为 ADC1 的输入端口（图 2-40 中标号①），展开"Pinout & Configuration"标签页左侧的"Analog"选项，选择"ADC1"选项，勾选"IN3"复选框（图 2-40 中标号②）。将 ADC 工作模式配置为"Independent mode"（独立模式）（图 2-40 中标号③）。

对标号④处的配置说明如下。

（1）对"Clock Prescaler"进行配置，即配置 AD 的工作频率为 PCLK 的 6 分频，即 84/6=14 M。

（2）将"Data Alignment"（数据对齐）配置为"Right alignment"（右对齐）。

（3）将"Scan Conversion Mode"（扫描转换模式）配置为"Disabled"（禁用）。

（4）将"Continuous Conversion Mode"（连续转换模式）配置为"Disabled"（禁用）。

（5）将"Discontinuous Conversion Mode"（非连续转换模式）配置为"Disabled"（禁用）。

对标号⑤处的配置说明如下。

（1）将"Number Of Conversion"（转换次数）配置为"1"。

（2）将"External Trigger Conversion Source"（外部触发源）配置为"Regular Conversion launched by software"（软件触发方式）。

（3）将"Channel"（通道号）配置为"Channel 3"（通道 3）。

（4）将"Sampling Time"（采样时间）配置为"84 Cycles"（84 个周期）。

基于STM32的智能硬件开发

图 2-40　AD 设置

3. 配置 USART

展开"Pinout & Configuration"标签页左侧的"Connectivity"选项，选择"USART1"选项，配置过程如图 2-41 所示。

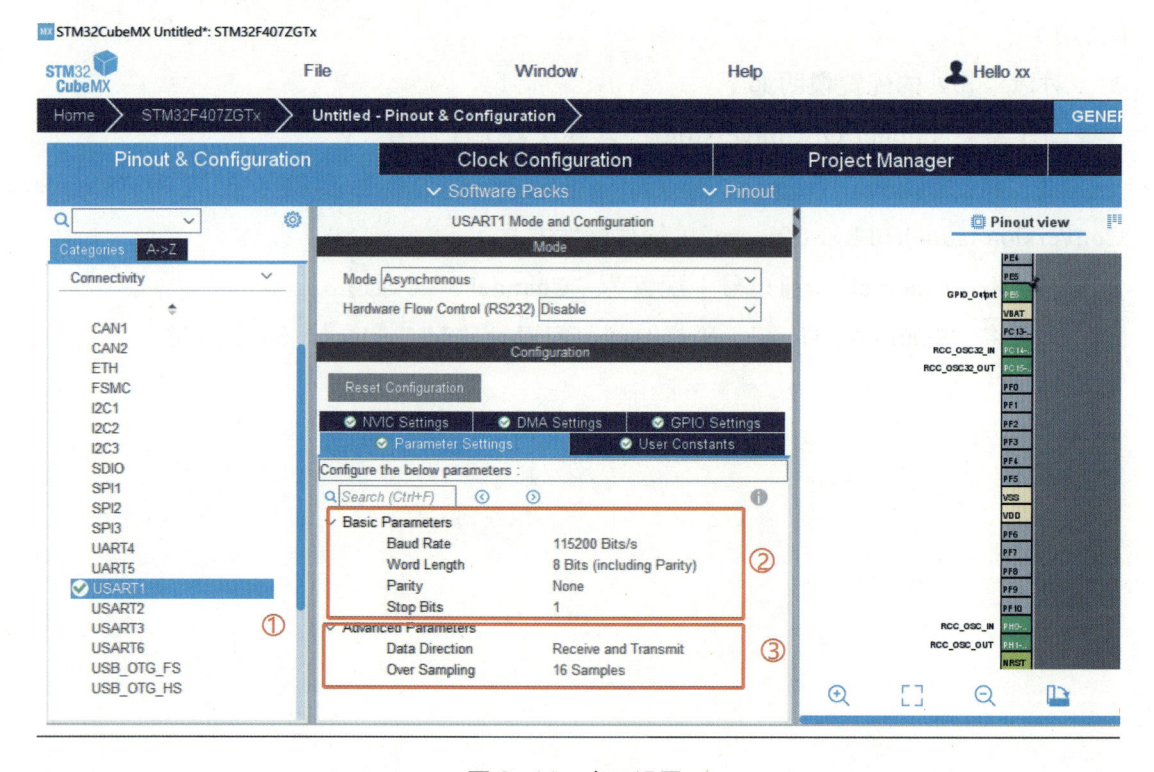

图 2-41　串口设置

4. 生成初始 C 代码工程并完善代码

（1）在 main.c 中输入以下代码。

```
/* USER CODE BEGIN 0 */
uint16_t adc_value = 0; // 定义 ADC 转换值存放
  float voltage = 0.0;
  char voltString[50] = {0}; // 电压值结果显示
/* USER CODE END 0 */
```

（2）在 while(1) 主循环中输入以下代码。

```
/* USER CODE BEGIN 3 */
    HAL_ADC_Start(&hadc1);
    HAL_ADC_PollForConversion(&hadc1, 100);
    adc_value = HAL_ADC_GetValue(&hadc1);
    voltage = (float)adc_value / 4096 * 3.3;
    sprintf(voltString, " 采集到的电压值为 : %.2f V", voltage);
    printf("%s\r\n", voltString);
    HAL_Delay(1000);
    }
    /* USER CODE END 3 */
```

（3）在 usart.h 及 usart.c 中添加以下代码，并在 MDK-ARM 中勾选 Use MiroLIB。

在 usart.h 中添加以下代码。

```
#include <stdio.h>
```

在 usart.c 中添加以下代码。

```
int fputc(int ch, FILE *f)
{
    HAL_UART_Transmit(&huart1, (uint8_t *)&ch, 1, 0xFFFF);
    return ch;
}
```

2.5.4 程序下载

下载 .hex 文件到口袋机中。完成后，打开电脑端串口调试助手，查看 ADC 实时采样的数据，如图 2-42 所示。

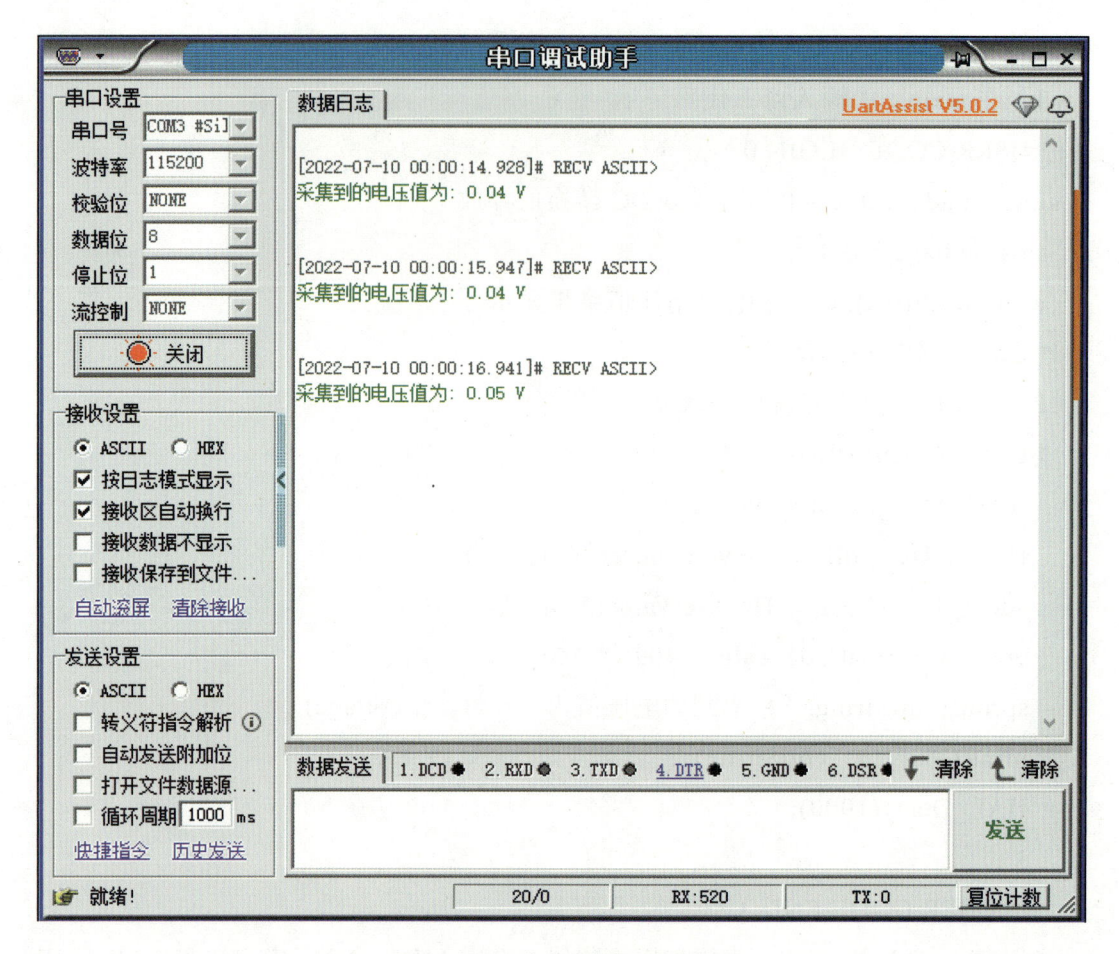

图 2-42　串口调试助手数据

2.5.5　知识扩展

1. ADC 简介

模数转换器（analog to digital converter, ADC）是一种可将连续变化的模拟信号转换为离散的数字信号的器件，其可将温度、压力、声音或者图像等转换成更易存储、处理和发射的数字信号。STM32F407 微控制器有 3 个 ADC，可工作在独立、双重或三重模式下，以适应多种不同的应用需求。每个 ADC 都具有 18 个复用通道，可测量 16 个外部信号源、2 个内部信号源，转换精度可配置为 12 bit、10 bit、8 bit 或 6 bit，转换结果存储在一个可左对齐或右对齐的 16 位数据寄存器中。

2. ADC 的功能分析

（1）ADC 的输入电压范围。如图 2-43 中标号①处所示，ADC 的输入电压 V_{IN} 的范围是 $V_{REF-} \leq V_{IN} \leq V_{REF+}$，由 V_{REF-}、V_{REF+}、V_{DDA} 和 V_{SSA} 四个外部引脚的电压决定，这四个引脚对应的输入电压范围如表 2-4 所示。

表2-4　AD参考电压

引脚名称	信号类型	功能说明
V_{REF+}	正模拟参考电压输入	ADC高（正参考）电压，$1.8\text{ V} \leq V_{REF+} \leq V_{DDA}$
V_{DDA}	模拟电源输入	模拟电源电压等于V_{DD} 全速运行时，$2.4\text{ V} \leq V_{DDA} \leq V_{DD}$（3.6 V） 低速运行时，$1.8\text{ V} \leq V_{DDA} \leq V_{DD}$（3.6 V）
V_{REF-}	负模拟参考电压输入	ADC低（负参考）电压，$V_{REF-}=V_{SSA}$
V_{SSA}	模拟电源接地输入	该引脚一般接地，电压等于V_{SS}

（2）ADC的输入通道。如图2-43中标号②处所示，单个ADC的输入通道多达18个，其中包括16个外部通道，这16个外部通道分别连接着不同的GPIO口。

（3）ADC的转换顺序。如图2-43中标号③处所示，STM32F4将ADC转换分为两个通道：规则通道和注入通道。

规则通道相当于正常运行的程序，注入通道相当于中断。正如中断可以打断正常运行的程序，注入通道的ADC转换可以打断规则通道的ADC转换，只有等注入通道转换完成后，规则通道的转换才能继续运行。规则通道的转换顺序由规则序列寄存器SQR3、SQR2和SQR1控制，注入通道的转换顺序由注入序列寄存器JSQR控制。

（4）ADC的输入时钟与采样周期。如图2-43中标号④处所示，STM32F4的ADC输入时钟ADC_CLK由PCLK2经过ADC预分频器产生。根据数据手册，当V_{DDA}范围为2.4 V至3.6 V时，ADC_CLK最大值为14 MHz。分频系数由ADC通用控制寄存器ADC_CCR中的"ADCPRE[1:0]"位段设置，可设置的值有2、4、6和8。当PCLK2为168 MHz时，若设置ADC预分频器的分频系数为6，则ADC_CLK的时钟频率为14 MHz，对应一个时钟周期的时间T_p（1/ADCCLK）等于0.071 4 μs，A/D转换需要若干个时钟周期才可完成采样，具体的采样时间可通过ADC采样时间寄存器ADC_SMPR1和ADC_SMPR2中的"SMP[2:0]"位段进行设置，允许设置为1.5个、7.5个或28.5个时钟周期等，值越小代表采样时间越短，速度越快。一次A/D转换所需的总时间T_{conv} = 采样时间 + 数据处理时间（12.5 T_p），因此当ADC_CLK设置为14 MHz，采样时间设置为1.5个时钟周期时，可计算出最短的转换时间$T_{conv} = 14 \times T_p = 0.999$ μs。

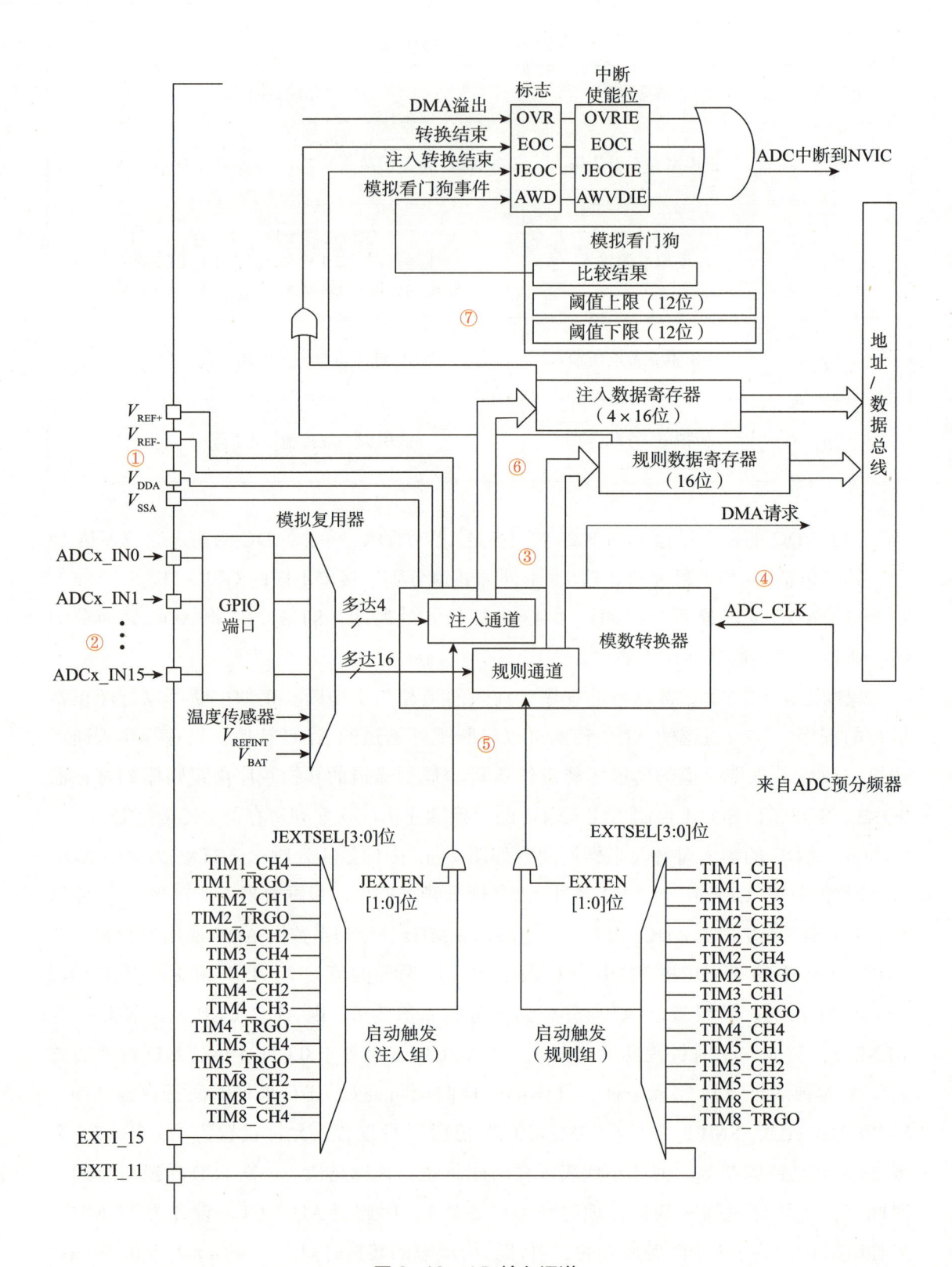

图 2-43　AD 输入通道

（5）ADC 的触发方式。如图 2-43 中标号⑤处所示，ADC 支持多种外部事件触发方式，包括定时器触发和外部 GPIO 中断等。具体选择哪种触发方式，可通过 ADC 控制寄存器 2（ADC_CR2）进行配置，即对规则组和注入组分别进行配置。另外，该寄存器还可对触发极性进行配置，如上升沿检测、下降沿检测等。另外，ADC 还支持软件触发，它由 ADC_CR2 寄存器的"SWSTART"位进行控制，控制的前提是"ADON"位先配置为 1。一次转换结束后，硬件会自动将"SWSTART"位置归 0。

（6）ADC 的数据寄存器。如图 2-43 中标号⑥处所示，ADC 转换完毕后，结果数据存放在相应的数据寄存器中。ADC 的数据寄存器有两种：规则数据寄存器 ADC_DR 和注入数据寄存器 ADC_JDRx。上述两种数据寄存器用于存放独立转换模式的结果，双重转换模式和三重转换模式的结果则存放在通用规则数据寄存器 ADC_CDR 中。

（7）ADC 的中断控制。如图 2-43 中标号⑦处所示，ADC 转换结束后，支持产生四种中断：DMA 溢出中断、规则转换结束中断、注入转换结束中断和模拟看门狗事件中断。规则转换和注入转换结束后，除了可通过产生中断的方式处理转换结果之外，还可产生 DMA 请求，以把转换好的数据直接转存至内存中。这对于独立模式的多通道转换、双重转换模式或三重转换模式而言非常必要，既可简化编程又可提高运行效率。

2.6　任务 6：人机交互（按键类）

常见的输入按键如图 2-44 ～图 2-46 所示。

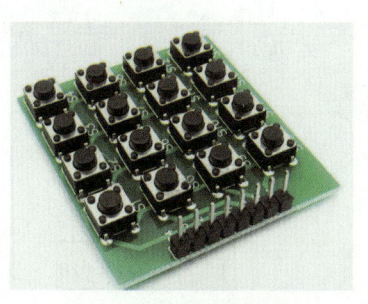

图 2-44　微动开关　　　　图 2-45　矩阵键盘　　　　图 2-46　拨码开关

2.6.1　任务要求

本任务要求完成矩阵键盘底层驱动程序的编写，要求按下一个按键后点亮 LED。

2.6.2　硬件连接

矩阵键盘本质上是使用 8 个 I/O 口来进行 16 个按键的控制读取，用 4 条 I/O 线作为行线，4条I/O线作为列线组成的键盘。在行线和列线的每个交叉点上，设置一个按键，而这样的按键个数是4×4个。这样的行列式键盘结构能够有效地提高MCU中I/O口的利用率，节约I/O口资源，其本质和独立按键类似，就是进行逐行扫描和逐列扫描，然后判断是第几行第几列的按键，进而进行整体按键值的确定，通过读取I/O口电平变换即可完成矩阵键盘的数值读取。图2-47为矩阵键盘原理图。

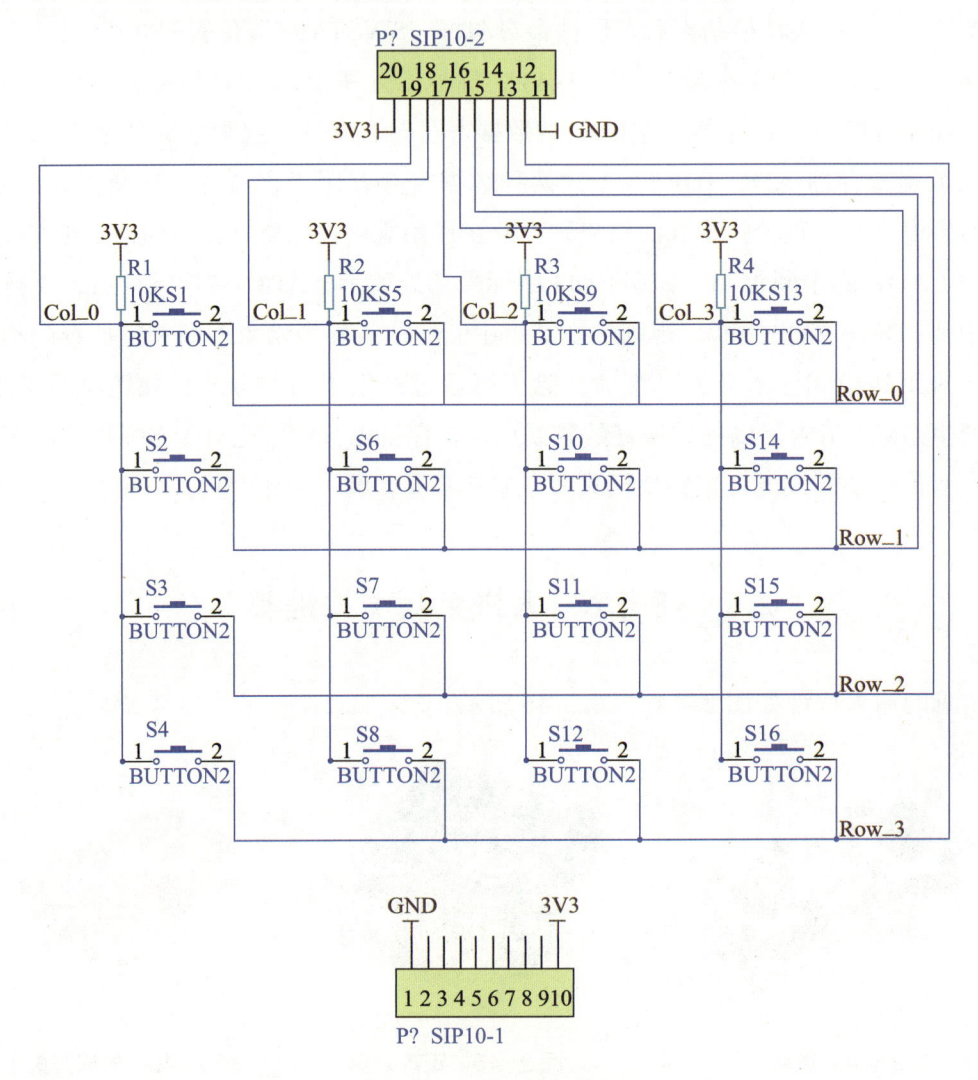

图 2-47 矩阵键盘原理图

矩阵键盘I/O口和MCU硬件各引脚连接如表2-5所示。

表 2-5 矩阵键盘引脚连接

引脚序号	行 列	端口描述	MCU 接口
12	Row3	输入端	PA4

续表

引脚序号	行　列	端口描述	MCU 接口
13	Row2	输入端	PD7
14	Row1	输入端	PA5
15	Row0	输入端	PF1
16	Col3	扫描端口	PD12
17	Col2	扫描端口	PD14
18	Col1	扫描端口	PD15
19	Col0	扫描端口	PF14

Col0 ～ Col3 是扫描端口，依次输出低电平，同时 Row0 ～ Row3 为输入端（MCU 读取）。

2.6.3　任务实施

1. 新建 STM32CubeMX 工程

选择 MCU 型号，配置调试端口，配置 MCU 时钟树参考任务 1 相关内容。

2. 完成 I/O 口配置

根据硬件连接完成 I/O 口配置，如图 2-48 所示。

Search (Ctrl+F)　　☐ Show only Modified Pins

Pin N...	Signal o...	GPIO ou...	GPIO m...	GPIO Pu...	Maximu...	User Label	Modified
PA4	n/a	High	Output ...	No pull-...	Very High		☑
PA5	n/a	High	Output ...	No pull-...	Very High		☑
PD7	n/a	High	Output ...	No pull-...	Very High		☑
PD12	n/a	n/a	Input mo...	Pull-up	n/a		☑
PD14	n/a	n/a	Input mo...	Pull-up	n/a		☑

图 2-48　I/O 设置

3. 其他配置

其他配置过程与任务 1 一致。

4. 生成工程

图 2-49 为生成的基础工程。

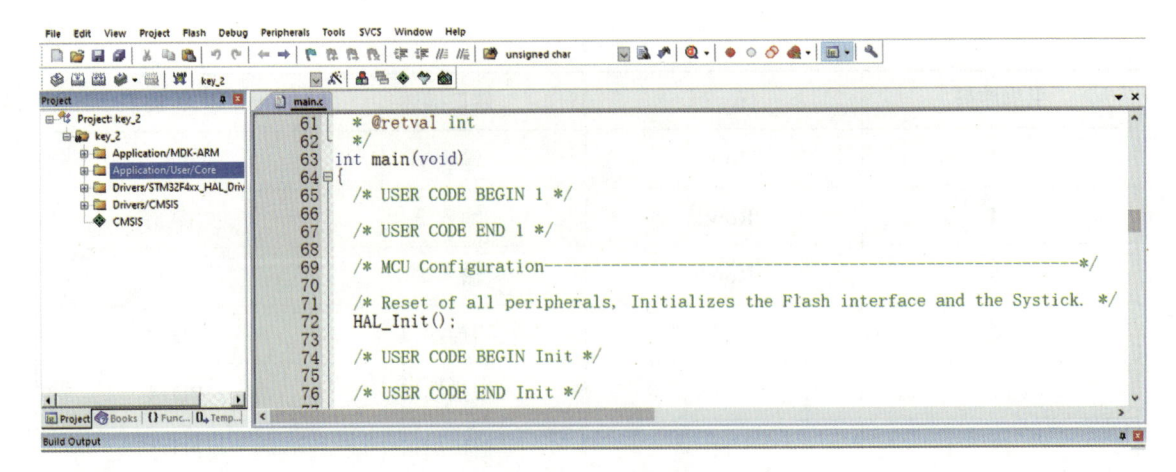

图 2-49　工程结构

5. 完善代码

在用户代码中加入按键扫描的驱动文件 key_scan.c 和 key_scan.h。

第一步，完成 key_scan 函数的编写。

```
uint8_t key_scan(void)
{
    uint8_t col_buf[4];
    uint8_t key_dat;

    key_dat = 0;
    ROW0_L;//GPIO 变低
    ROW1_H;//GPIO 变高
    ROW2_H;//GPIO 变高
    ROW3_H;//GPIO 变高
    HAL_Delay(10);
    col_buf[0] = READ_COL0;// 读 GPIO 电平
    col_buf[1] = READ_COL1;// 读 GPIO 电平
    col_buf[2] = READ_COL2;// 读 GPIO 电平
    col_buf[3] = READ_COL3;// 读 GPIO 电平
    if(col_buf[0]==0)
        key_dat = 1;
    if(col_buf[1]==0)
```

```c
        key_dat = 2;
if(col_buf[2]==0)
        key_dat = 3;
if(col_buf[3]==0)
        key_dat = 4;
    ROW0_H;
    ROW1_L;
    ROW2_H;
    ROW3_H;
    HAL_Delay(10);
    col_buf[0] = READ_COL0;
    col_buf[1] = READ_COL1;
    col_buf[2] = READ_COL2;
    col_buf[3] = READ_COL3;
    if(col_buf[0]==0)
        key_dat = 5;
    if(col_buf[1]==0)
        key_dat = 6;
    if(col_buf[2]==0)
        key_dat = 7;
    if(col_buf[3]==0)
        key_dat = 8;
        ROW0_H;
    ROW1_H;
    ROW2_L;
    ROW3_H;
    HAL_Delay(10);
    col_buf[0] = READ_COL0;
    col_buf[1] = READ_COL1;
    col_buf[2] = READ_COL2;
    col_buf[3] = READ_COL3;
    if(col_buf[0]==0)
```

```c
            key_dat = 9;
        if(col_buf[1]==0)
            key_dat = 10;
        if(col_buf[2]==0)
            key_dat = 11;
        if(col_buf[3]==0)
            key_dat = 12;

        ROW0_H;
        ROW1_H;
        ROW2_H;
        ROW3_L;
        HAL_Delay(10);
        col_buf[0] = READ_COL0;
        col_buf[1] = READ_COL1;
        col_buf[2] = READ_COL2;
        col_buf[3] = READ_COL3;
        if(col_buf[0]==0)
            key_dat = 13;
        if(col_buf[1]==0)
            key_dat = 14;
        if(col_buf[2]==0)
            key_dat = 15;
        if(col_buf[3]==0)
            key_dat = 16;
        return key_dat;
}
```

第二步,完成 main 函数的编写,在 while(1) 循环中加入下列代码。

```c
    a=key_scan();
        if(a==12)
            HAL_GPIO_WritePin(GPIOF,GPIO_PIN_6,GPIO_PIN_RESET);
```

2.6.4 下载测试

参考任务 1，下载 .hex 文件到口袋机中，观察实验现象。

2.6.5 思考题

每次只能按一个按键，修改程序使其可以同时按多个按键。

2.7 任务 7：人机交互（显示类）

常见的显示器件有数码管、点阵屏、12864 液晶屏、1602 液晶屏、TFT 液晶屏等，如图 2-50～图 2-54 所示。

图 2-50　数码管 　　　　图 2-51　点阵屏 　　　　图 2-52　12864 液晶屏

图 2-53　1602 液晶屏 　　　　图 2-54　TFT 液晶屏

2.7.1 任务要求

本任务要求完成点阵屏底层驱动程序的编写，要求能够显示汉字。

2.7.2 电路原理

所需硬件设备包括板载 4 个 8×8 点阵 LED，行驱动采用两片 74LS138 译码器，列驱动采用两片 74HC595 串转并芯片，两片 138 译码器，采用 4 位二进制输入，16 位低电平输出，电路原理图如图 2-55 所示。

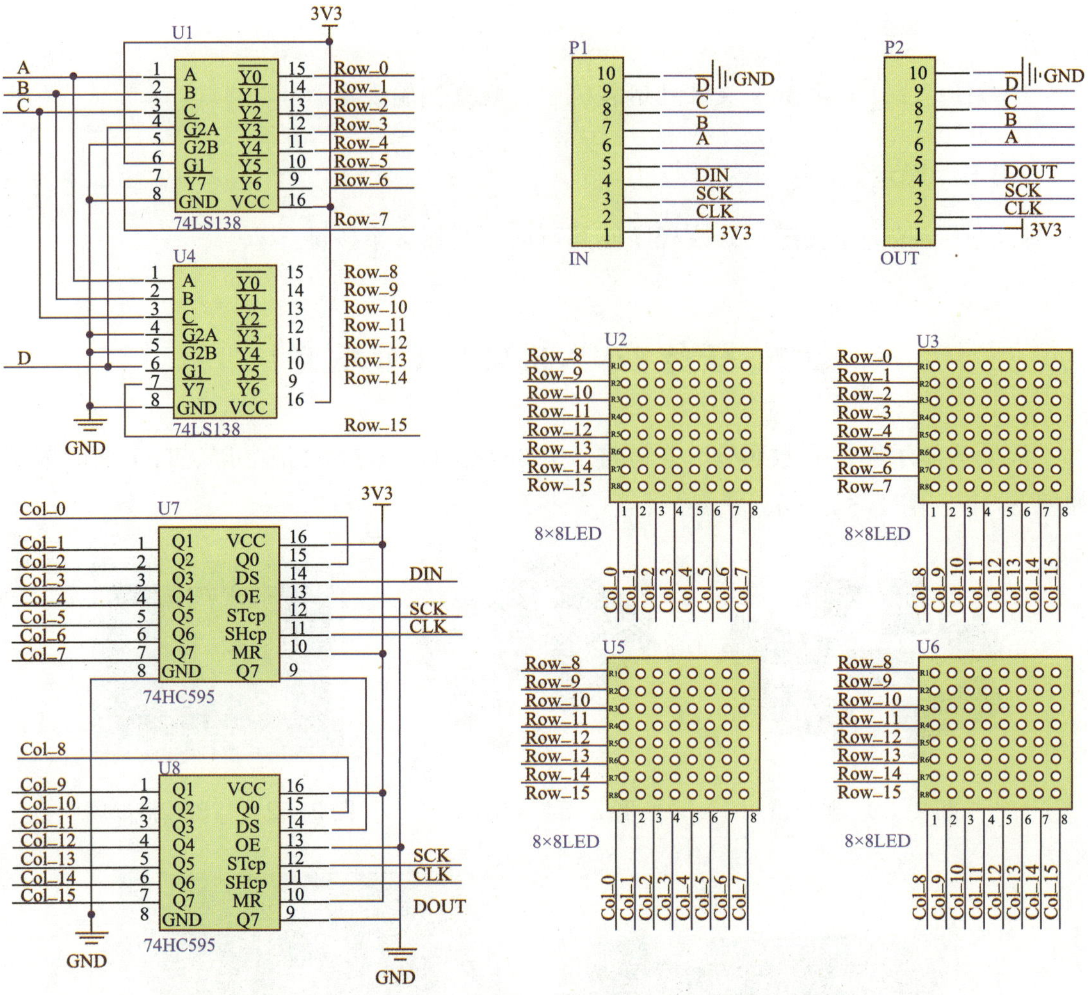

图 2-55 4×4 点阵屏原理图

2.7.3 任务实现

1. 新建 STM32CubeMX 工程

选择 MCU 型号，配置调试端口，配置 MCU 时钟树参考任务 1 相关内容。

2. 配置行列扫描相关的 GPIO 功能

配置行列扫描相关的 GPIO 功能，如图 2-56 所示。

图 2-56 中所有管脚为推挽输出状态。

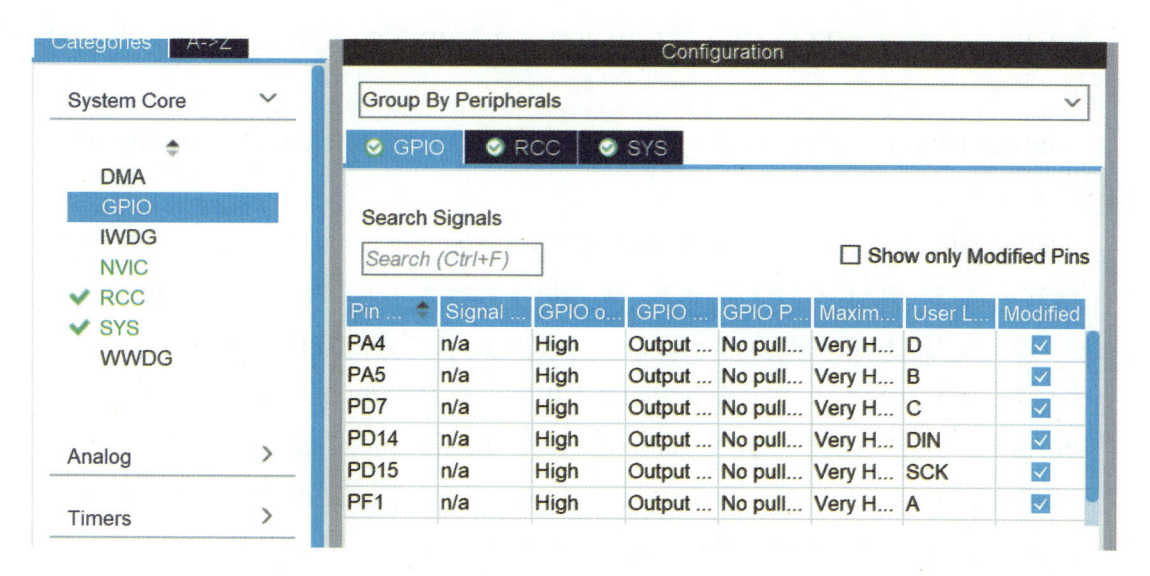

图 2-56　I/O 设置

3. 生成工程，完善代码

（1）工程中添加 44display.c 和 44display.h 作为点阵屏驱动文件，如图 2-57 所示。

图 2-57　工程文件夹

（2）完善 44display.h 头文件，添加如下代码。

#include "main.h"

　　#define CLK_L　HAL_GPIO_WritePin(CLK_GPIO_Port,CLK_Pin,GPIO_PIN_RESET)

　　#define CLK_H　HAL_GPIO_WritePin(CLK_GPIO_Port,CLK_Pin,GPIO_PIN_SET)

　　#define LAT_L　HAL_GPIO_WritePin(SCK_GPIO_Port,SCK_Pin,GPIO_PIN_RESET)

```c
#define LAT_H    HAL_GPIO_WritePin(SCK_GPIO_Port,SCK_Pin,GPIO_PIN_SET)
#define DIN_L    HAL_GPIO_WritePin(DIN_GPIO_Port,DIN_Pin,GPIO_PIN_RESET)
#define DIN_H    HAL_GPIO_WritePin(DIN_GPIO_Port,DIN_Pin,GPIO_PIN_SET)
#define A_L    HAL_GPIO_WritePin(A_GPIO_Port,A_Pin,GPIO_PIN_RESET)
#define A_H    HAL_GPIO_WritePin(A_GPIO_Port,A_Pin,GPIO_PIN_SET)
#define B_L    HAL_GPIO_WritePin(B_GPIO_Port,B_Pin,GPIO_PIN_RESET)
#define B_H    HAL_GPIO_WritePin(B_GPIO_Port,B_Pin,GPIO_PIN_SET)
#define C_L    HAL_GPIO_WritePin(C_GPIO_Port,C_Pin,GPIO_PIN_RESET)
#define C_H    HAL_GPIO_WritePin(C_GPIO_Port,C_Pin,GPIO_PIN_SET)
#define D_L    HAL_GPIO_WritePin(D_GPIO_Port,D_Pin,GPIO_PIN_RESET)
#define D_H    HAL_GPIO_WritePin(D_GPIO_Port,D_Pin,GPIO_PIN_SET)
void delay_us(uint16_t t);
void decode_138_fun(uint8_t row);
void hc595_out(uint8_t data);
void dis_flash_fun(uint8_t *p);
```

头文件中主要包括相应的宏定义及相应的初始化函数。

（3）完善 decode_138_fun() 函数，控制两片 138 译码器，输入 0～15，控制端口 A、B、C、D 依次为高电平，实现行扫描。

```c
void decode_138_fun(uint8_t row)
{
    switch(row)
    {
        case 0:
            A_L;
            B_L;
            C_L;
            D_L;
            break;
        case 1:
            A_H;
```

```
            B_L;
            C_L;
            D_L;
            break;
        case 2:
            A_L;
            B_H;
            C_L;
            D_L;
            break;
        case 3:
            A_H;
            B_H;
            C_L;
            D_L;
            break;
        case 4:
            A_L;
            B_L;
            C_H;
            D_L;
            break;
        case 5:
            A_H;
            B_L;
            C_H;
            D_L;
            break;
        case 6:
            A_L;
            B_H;
            C_H;
```

```c
            D_L;
            break;
        case 7:
            A_H;
            B_H;
            C_H;
            D_L;
            break;
        case 8:
            A_L;
            B_L;
            C_L;
            D_H;
            break;
        case 9:
            A_H;
            B_L;
            C_L;
            D_H;
            break;
        case 10:
            A_L;
            B_H;
            C_L;
            D_H;
            break;
        case 11:
            A_H;
            B_H;
            C_L;
            D_H;
            break;
```

```
                case 12:
                    A_L;
                    B_L;
                    C_H;
                    D_H;
                    break;
                case 13:
                    A_H;
                    B_L;
                    C_H;
                    D_H;
                    break;
                case 14:
                    A_L;
                    B_H;
                    C_H;
                    D_H;
                    break;
                case 15:
                    A_H;
                    B_H;
                    C_H;
                    D_H;
                    break;

        }
    }
```

(4) 完善 74HC595 时序函数，data 是要并行输出的 8 位数据。

```
void hc595_out(uint8_t data)
{
    uint8_t i,temp;
    temp=data;
```

```
            CLK_L;
            LAT_L;
            for(i=0;i<8;i++)
            {
                if((temp&0x80)==0x80)
                {
                    DIN_H;
                }
                else
                {
                    DIN_L;
                }
                temp = temp<<1;
                CLK_H;
                CLK_L;
//              LAT_H;
//              LAT_L;
            }
            LAT_H;
            LAT_L;
}
```

（5）完善 dis_flash_fun(uint8_t *p)，扫描 16×16 点阵。输入参数是一个 32 字节的数组，数据依次是第一行的右边、第一行的左边。

```
void dis_flash_fun(uint8_t *p)
{
    uint8_t i;
    uint8_t count;
    count = 0;
    for(i=0;i<16;i++)
    {
        decode_138_fun(i);// 行扫描
        hc595_out(*(p+count));// 串行输出第一个字节，给右边的 8×8 LED
```

```
            count++;
            hc595_out(*(p+count));// 串行输出第二个字节，给左边的 8×8 LED
            count++;
            delay_us(1000); // 延时 1 ms，使得图像停留 1 ms 的时间，不然会扫描
得太快
        }
```

（6）完善 main.c。首先添加显示的数据。

uint8_t dis_buf1[32] =
{0x03,0xE0,0x0E,0x30,0x38,0x18,0x20,0x08,0x44,0x4C,0xC0,0x06,0x80,0x02,0x80,0x02,0x80,0x02,0xCC,0x62,0x47,0xC2,0x60,0x06,0x30,0x04,0x18,0x08,0x0F,0xF8,0x00,0x00};

uint8_t dis_buf2[32] =
{0x03,0xE0,0x0E,0x30,0x38,0x18,0x20,0x08,0x42,0x2C,0xC0,0x06,0x80,0x02,0x80,0x02,0x80,0x02,0xCC,0x62,0x47,0xC2,0x60,0x06,0x30,0x04,0x18,0x08,0x0F,0xF8,0x00,0x00};

uint8_t dis_buf_test[32] =
{0xff,0xff,0xff,0xff,0xff,0xff,0xff,0xff,0xff,0xff,0xff,0xff,0xff,0xff,0xff,0xff,0xff,0xff,0xff,0xff,0xff,0xff,0xff,0xff,0xff,0xff,0xff,0xff,0xff,0xff,0xff,0xff};

其次添加测试代码。

```
/* USER CODE BEGIN 2 */
    for(dis_count=0;dis_count<100;dis_count++)// 循环显示 100 次测试数据，测试
数据是把全部 LED 点亮，用于测试模块，看有无坏点
    {
        dis_flash_fun(dis_buf_test);
    }
/* USER CODE END 2 */
```

在 while(1) 中添加如下代码。

```
/* USER CODE BEGIN 3 */
    for(dis_count=0;dis_count<60;dis_count++)// 循环显示 60 次
    {
        if(dis_count<30)
        {
```

            dis_flash_fun(dis_buf1);// 前 30 次，显示第一幅图像，dis_buf1 数组定义在最上面
         }
         else
         {
            dis_flash_fun(dis_buf2);// 后 30 次，显示第二幅图像，dis_buf2 数组定义在最上面
         }
      }
   }
   /* USER CODE END 3 */

2.7.4 下载程序

实验现象如图 2-58 所示。

图 2-58 实验现象

2.7.5 思考题

尝试添加可运行一个定时器中断的程序，在中断中改变行扫描电平并输出列的数据。

2.8 任务 8：LCD1602 液晶屏的使用

SMC1602A 标准字符点阵型液晶显示模块（LCM），采用点阵型液晶显示器

（LCD），可显示 16 个字符 ×2 行西文字符，字符尺寸为 2.95×4.35（$W \times H$）mm，内置 HD44780 接口型液晶显示控制器，可与 MCU 单片机直接连接，广泛应用于各类仪器仪表及电子设备，如图 2-59 所示。

图 2-59　LCD1602 液晶屏

2.8.1　任务要求

根据 LCD1602 技术文档，编写 LCD1602 液晶屏底层驱动。

2.8.2　硬件连接

硬件连接示意图如图 2-60 所示，LCD1602 需要 5 V 电压，但 MCU 输出 3.3 V，需要用 FP6291 升压。

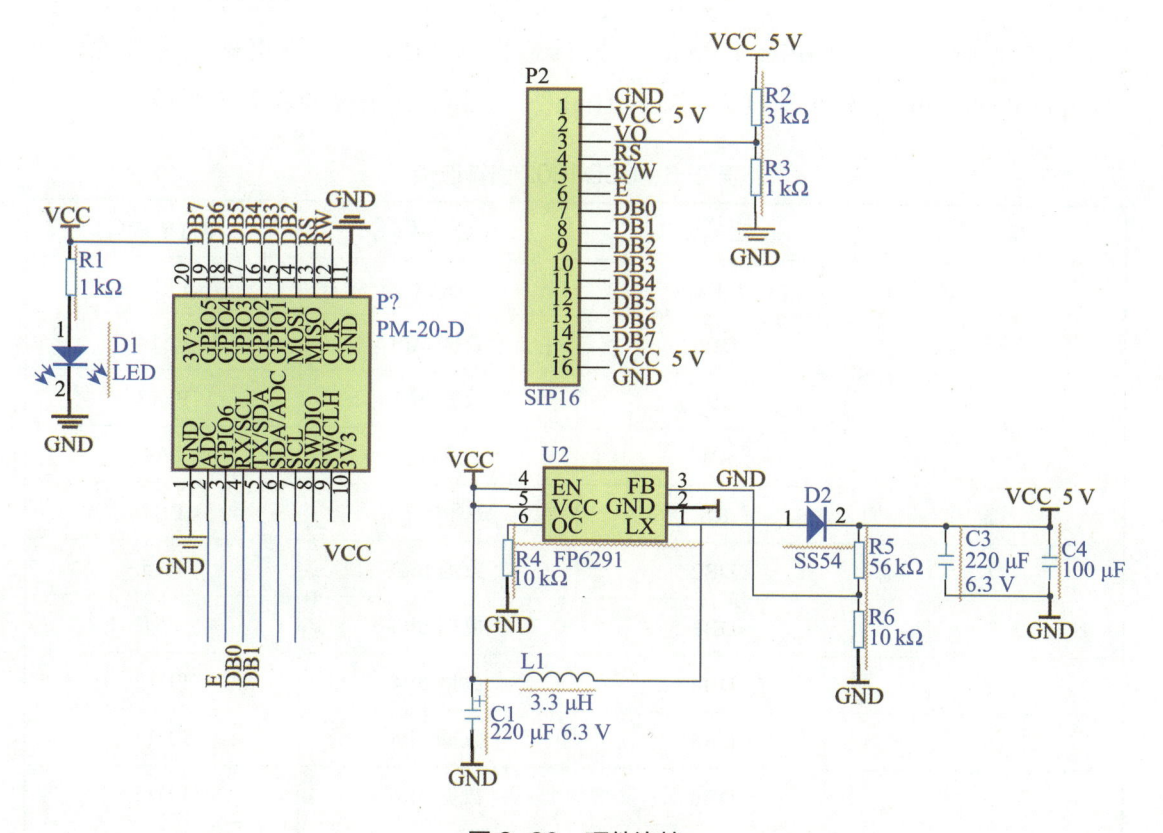

图 2-60　硬件连接

2.8.3 任务实施

1. 新建 STM32CubeMX 工程

选择 MCU 型号，配置调试端口，配置 MCU 时钟树参考任务 1 相关内容。

2. I/O 配置

I/O 配置如图 2-61 所示。

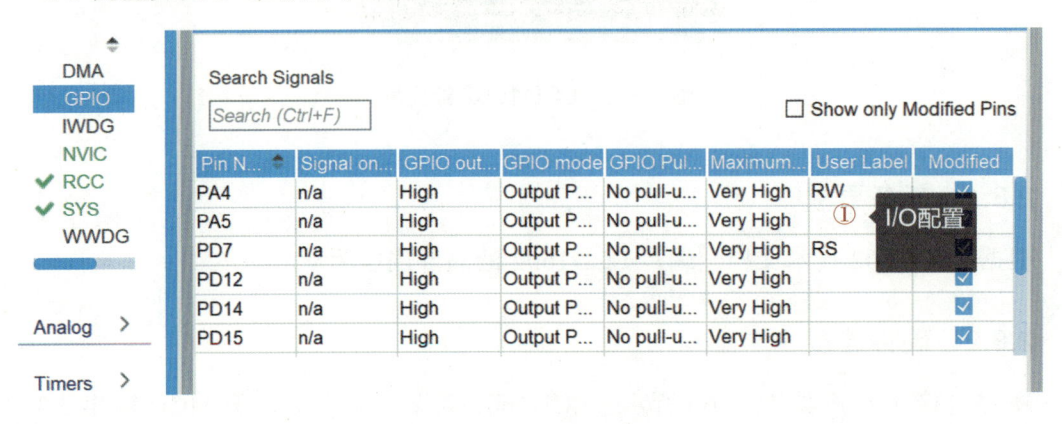

图 2-61 I/O 设置

所有管脚配置为"GPIO_output"，默认输出为"High"，输出模式为推挽输出"Output Push Pull"，输出速度为"Very High"。引脚连接情况如表 2-6 所示。

表 2-6 LCD1602 引脚连接

编 号	定 义	说 明	单片机端口
1	E	使能	PF15
2	DB0	数据 bit0	PE14
3	DB1	数据 bit1	PE13
4	RW	读写	PA4
5	RS	数据/指令	PD7
6	DB2	数据 bit2	PA5
7	DB3	数据 bit3	PF1
8	DB4	数据 bit4	PD12
9	DB5	数据 bit5	PD14
10	DB6	数据 bit6	PD15
11	DB7	数据 bit7	PF14

3. 根据 LCD1602 技术文档，完善底层驱动 LCD1602.c 和 LCD1602.h 代码如下。

```c
void LCD1602Configuration(void)
{
    LCD_Write_Cmd(0x38);      //16×2 显示，5×7 点阵，8 位数据口
    LCD_Write_Cmd(0x0c);      // 开显示，光标关闭
    LCD_Write_Cmd(0x06);      // 文字不动，地址自动 +1
    LCD_Write_Cmd(0x01);      // 清屏
}

// 等待屏幕准备好
void LCD_Wait_Ready(void)
{
    uint8_t status;
    gpio_data_in();// 设置成输入模式
    RS_L;
    RW_H;
    do
    {
        EN_H;
        delay_us(100);
        status = read_in();// 读 8 位端口
        EN_L;
    }while(status & 0x80);
    gpio_data_out();// 设置成输出模式
}
// 写数据
void LCD_Write_Dat(uint8_t dat)
{
    LCD_Wait_Ready();
    delay_us(10);
    RS_H;
```

```
        delay_us(10);
        RW_L;
        delay_us(10);
        data_out(dat);// 输出 8 位数据
        delay_us(10);
        EN_H;
        delay_us(10);
        EN_L;
        delay_us(10);
}
```

4. 完善 main.c

代码如下。

```
/* USER CODE BEGIN 2 */
    LCD1602Configuration();//1602 屏幕初始化
    LCD_ClearScreen();// 清屏
    LCD_Show_Str(0,0,"1234567890123456");// 第一行显示字符串
    LCD_Show_Str(0,1,"1234567890123456");// 第二行显示字符串
    /* USER CODE END 2 */
```

2.8.4 下载测试

将程序文件下载到口袋机，观察实验现象，如图 2-62 所示。

图 2-62　实验现象

2.8.5 思考题

编写程序，输出自己名字的汉语拼音。

2.9 任务9：TFT 液晶屏的使用

TFT（thin film transistor）即薄膜场效应晶体管。TFT 液晶屏上的每一个液晶像素点都是由集成在其后的薄膜场效应晶体管来驱动，从而可以高速度、高亮度、高对比度显示屏幕信息。TFT 液晶屏属于有源矩阵液晶显示器，如图 2-63 所示。

图 2-63　TFT 液晶屏

2.9.1　任务要求

本任务要求完成 TFT 液晶屏底层驱动的编写，界面能够正常显示信息。

2.9.2　硬件连接

硬件连接示意图如图 2-64 所示，采用的是 ST7789 驱动芯片。

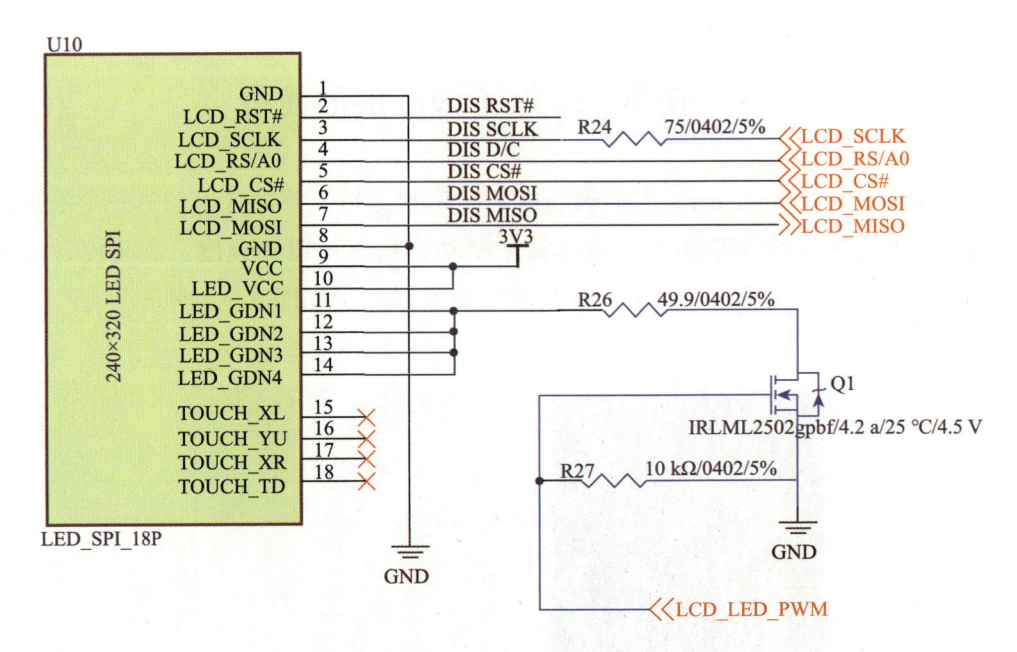

图 2-64　硬件连接

MCU 采用 SPI 控制 TFT 液晶屏，具体管脚如表 2-7 所示。

表 2-7　MCU 管脚

序 号	名 称	MCU 管脚	备 注
1	SCLK	PB3	SPI 时钟
2	RS/A0	PC3	命令 / 数据选择
3	CS	PC2	片选
4	MOSI	PB5	MCU 发送数据
5	MISO	PB4	MCU 接收数据
6	LCD_PWM	PF9	亮屏

2.9.3　任务实施

1. 新建 STM32CubeMX 工程

选择 MCU 型号，配置调试端口，配置 MCU 时钟树参考任务 1 相关内容。

2. GPIO 配置

本任务中所使用的 PC3、PC2、PF9 为普通 I/O 口，配置为输出模式，默认输出为

"High",输出模式为推挽输出"Output Push Pull",输出速度为"Very High",如图 2-65 所示。

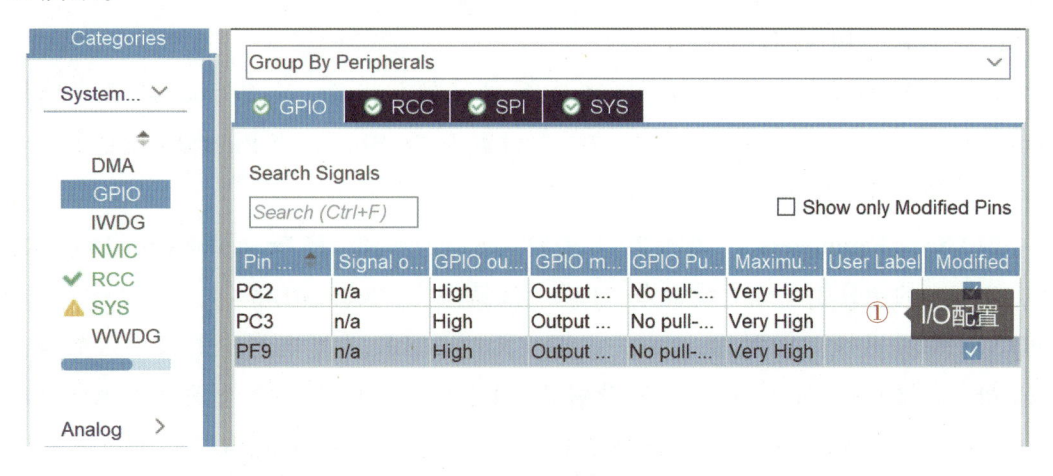

图 2-65 GPIO 设置

3. SPI 配置

SPI 配置如图 2-66 所示。

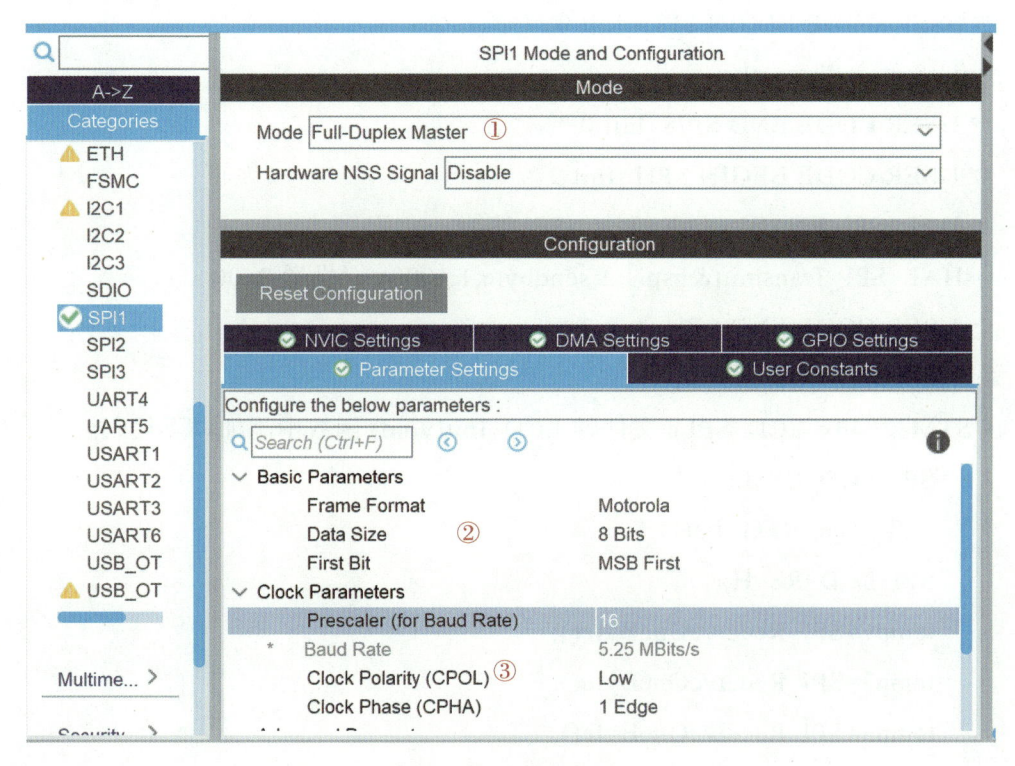

图 2-66 SPI 设置

将 MODE(工作模式)设置为"Full-Duplex Master"(全双工),如图 2-66 中标号①处所示。全双工是指通过 MISO 和 MOSI 线可同时接收和发送。

将 Hardware NSS Signal（硬件 NSS 信号）设置为"Disable"，选择不使用 NSS 信号，本设计采用 CS 片选信号。

SPI 参数设置用 3 组。

（1）Basic Parameters：如图 2-66 中标号②处，将 Frame Format 帧格式选择为"Motorola"；将 Data Size（数据帧的位数）设置为"8 Bits"；将 First Bit 设置为"MSB First"（首先传输高位）。

（2）Clock Parameters：如图 2-66 中标号③处所示，将 Prescaler（for Baud Rate）（产生波特率的预分频系统）设置为"16"，波特率为"5.25 MBit/s"；将 Clock Polarity（CPOL）（时钟极性）设置为"Low"，即空闲时 SCLK 为低电平，上升沿传数据；将 Clock Phase（CPHA）（时钟相位）设置为"1 Edge"，即第一个上升沿开始读数据。

（3）Advanced Parameters：设置 CRC 校验功能，选择"Disable"。

4. 生成工程，完善代码

第一步：完善 SPI 初始化。

在 SPI.c 文件的 MX_SPI1_Init(void) 中添加以下代码。

```
/* USER CODE BEGIN SPI1_Init 0 */
  uint8_t sendbyte=0;
/* USER CODE END SPI1_Init 0 */
/* USER CODE BEGIN SPI1_Init 2 */
  __HAL_SPI_ENABLE(&hspi1); //SPI 使能
  HAL_SPI_Transmit(&hspi1,&sendbyte,1,1000); // 发送 0x00
/* USER CODE END SPI1_Init 2 */
```

第二步：完善 LCD 初始化。

在 STM32F40x_LCD_SPI.c 文件的 LCD_Init(void) 函数中添加以下代码。

```
    SPI_LCD_CS_L;
    LCD_WR_REG(0x04);
    SPI_LCD_RS_H;
    temp1=SPI_ReceiveOneByte();
    temp2=SPI_ReceiveOneByte();
    temp3=SPI_ReceiveOneByte();
    temp4=SPI_ReceiveOneByte();
        read_ID=temp1<<24|temp2<<16|temp3<<8|temp4;
    HAL_Delay(10);
```

```
    SPI_LCD_CS_H;
  if(read_ID==0x042C2A900)
  {
    …………… //LCD 初始化，参考技术文档
  }
```

第三步：完善 main.c。

在 main 函数中，添加以下代码。

```
/* USER CODE BEGIN 2 */
  LCD_Init();
  LCD_Clean(BLUE);// 清屏
  HAL_Delay(10);
  LCD_Clean(GREEN);// 清屏
  HAL_Delay(1000);
  LCD_Clean(BLUE);// 清屏
  HAL_Delay(1000);
  LCD_ShowNum2(0,0,1,1,16,WHITE);// 在屏上显示 16 进制数据
  LCD_ShowNum2(0,16,1,1,32,WHITE);// 在屏上显示 16 进制数据
  LCD_ShowNum2(0,120,12345,5,32,GREEN);// 显示数字"12345"字号为 32，颜色为绿色
  LCD_ShowNum2(0,160,12345,5,16,GREEN);
/* USER CODE END 2 */
```

2.9.4 程序下载

程序完成后下载到口袋机，观察实验现象，如图 2-67 所示。

图 2-67 实验现象

2.9.5　知识扩展

（1）串行外设接口（serial peripheral interface, SPI）是一种传输速率比较高的串行接口，一些 LCD、ADC 芯片、Flash 存储器芯片采用 SPI 接口，MCU 通过 SPI 接口与这些外围器件通信。

（2）SPI 接口。SPI 设备分为主设备（master）和从设备（slave），一个主设备可以连接一个或多个从设备。SPI 设备的通信方式如图 2-68 所示。SPI 的主设备也可称为主机，从设备也可称为从机。

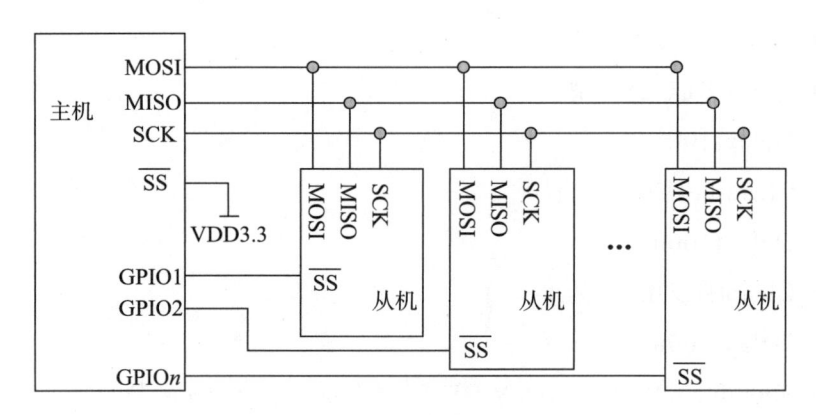

图 2-68　SPI 设备的通信方式

SPI 接口可传输 3 种基本信号，功能描述如下。

① MOSI（master output slave input）：主设备输出 / 从设备输入信号，在从设备上该信号一般简写为 SI。MOSI 是主设备的串行数据输出信号，SI 是从设备的串行数据输入信号。主设备和从设备的这两个信号连接。

② MISO（master input slave output）：主设备输入 / 从设备输出信号，在从设备上该信号一般简写为 SO。MISO 是主设备的串行数据输入信号，SO 是从设备的串行数据输出信号。主设备和从设备的这两个信号连接。

③ SCK：串行时钟信号。串行时钟信号由主设备产生。

除了这三个必需的信号，还有一个从设备选择信号 SS（slave select），这个是从设备的片选信号，低电平有效，所以一般写为 NSS。当一个 SPI 通信网络里有多个从设备时，主设备通过控制各个从设备的 NSS 信号来保证同一时刻只有一个从设备在线通信，未被选中的从设备的接口引脚是高阻状态。SPI 主设备可以使用普通的 GPIO 输出引脚连接从设备的 NSS 引脚，控制从设备的片选信号。

（3）SPI 传输协议。SPI 数据传输是在时钟信号 SCLK 驱动下的串行数据传输，SPI 的传输协议定义了 SPI 通信的起始信号、结束信号、数据有效性、时钟同步等环节。SPI 每次传输的数据帧长度是 8 位或者 16 位，一般是最高有效位 MSB 先行，通过 CPOL 和 CPHA 控制 4 种时序模式，如表 2-8 所示。

表 2-8　SPI 时序模式

SPI 时序模式	CPOL 时钟极性	CPHA 时钟相位	空闲时 CLK 电平	采样时刻
模式 0	0	0	低	第 1 跳
模式 1	0	1	低	第 2 跳
模式 2	1	0	高	第 1 跳
模式 4	1	1	高	第 2 跳

2.10　任务 10：电机控制

常见的电机有直流电机、步进电机、舵机等，如图 2-69～图 2-71 所示，本节主要学习直流电机的驱动开发。

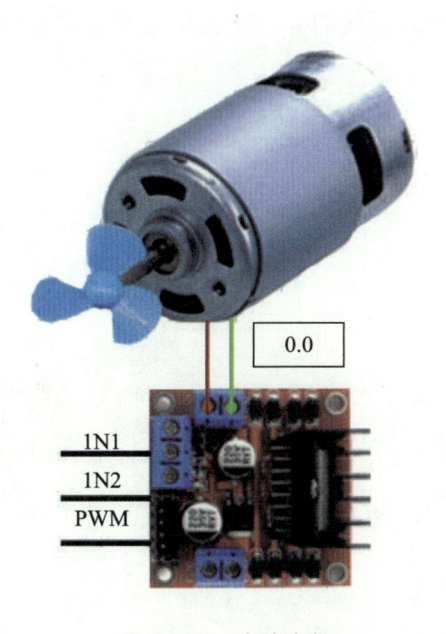

图 2-69　直流电机

图 2-70　步进电机　　　　　　　　图 2-71　舵机

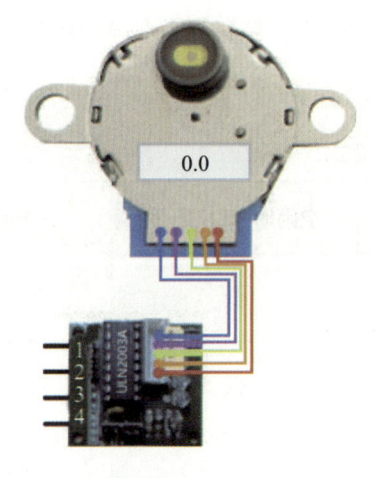

2.10.1　任务要求

根据直流电机技术文档，编写直流电机底层驱动。通过两个按键控制电机启动与停止，屏幕能实时显示速度。

2.10.2　硬件连接

如图 2-72 所示，电机驱动采用 DRV8833 芯片，双 H 桥驱动，口袋机交替输出两路 PWM 并传输给 DRV8833，正转时，IN1 是低电平，IN2 输出 PWM，反转时相反。

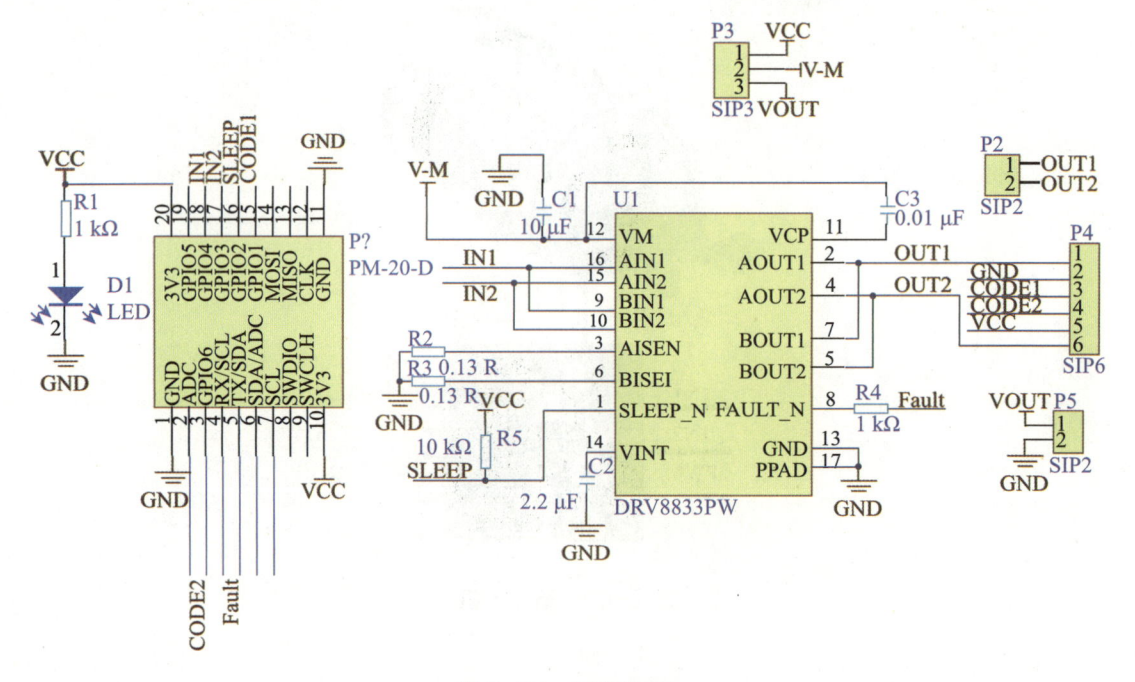

图 2-72　硬件连接

硬件各引脚连接情况如表 2-9 所示。

表 2-9　直流电机引脚连接

编　号	定　义	说　明	STM32 端口
1	CODE2	霍尔 2	PF15
2	Fault	保护输出	PE13
3	CODE1	霍尔 1	PF1
4	SLEEP	休眠控制	PD12
5	IN2	PWM 输入	PD14
6	IN1	PWM 输入	PD15

2.10.3　任务实施

1. 新建 STM32CubeMX 工程

选择 MCU 型号，配置调试端口，配置 MCU 时钟树参考任务 1 相关内容。

2. I/O 配置

根据硬件连接配置 I/O，如图 2-73 所示。

Pin N...	Signal on...	GPIO out...	GPIO mode	GPIO Pul...	Maximum...	User Label	Modified
PC2	n/a	High	Output P...	No pull-u...	Very High	①	☑
PC3	n/a	High	Output P...	No pull-u...	Very High		☑
PD3	n/a	n/a	Input mode	Pull-up	n/a	TOUCH5	☑
PD6	n/a	n/a	Input mode	Pull-up	n/a	TOUCH6	☑
PD12	n/a	Low	Output P...	No pull-u...	Very High		☑
PE13	n/a	n/a	Input mode	No pull-u...	n/a		☑

Pin N...	Signal on...	GPIO out...	GPIO mode	GPIO Pul...	Maximum...	User Label	Modified
PE13	n/a	n/a	Input mode	No pull-u...	n/a		☑
PF1	n/a	n/a	External I...	No pull-u...	n/a		☑
PF9	n/a	High	Output P...	No pull-u...	Very High		☑
PF15	n/a	n/a	Input mode	No pull-u...	n/a		☑
PG10	n/a	n/a	Input mode	Pull-up	n/a	TOUCH8	☑
PG11	n/a	n/a	Input mode	Pull-up	n/a	TOUCH7	☑

图 2-73　I/O 设置

4 个按键 TOUCH5、TOUCH6、TOUCH7、TOUCH8 配置为输入，PF1 为外部中断输入，为检测编码器计数。

3. 定时器 3 定时中断

设置定时器 3，如图 2-74 所示。

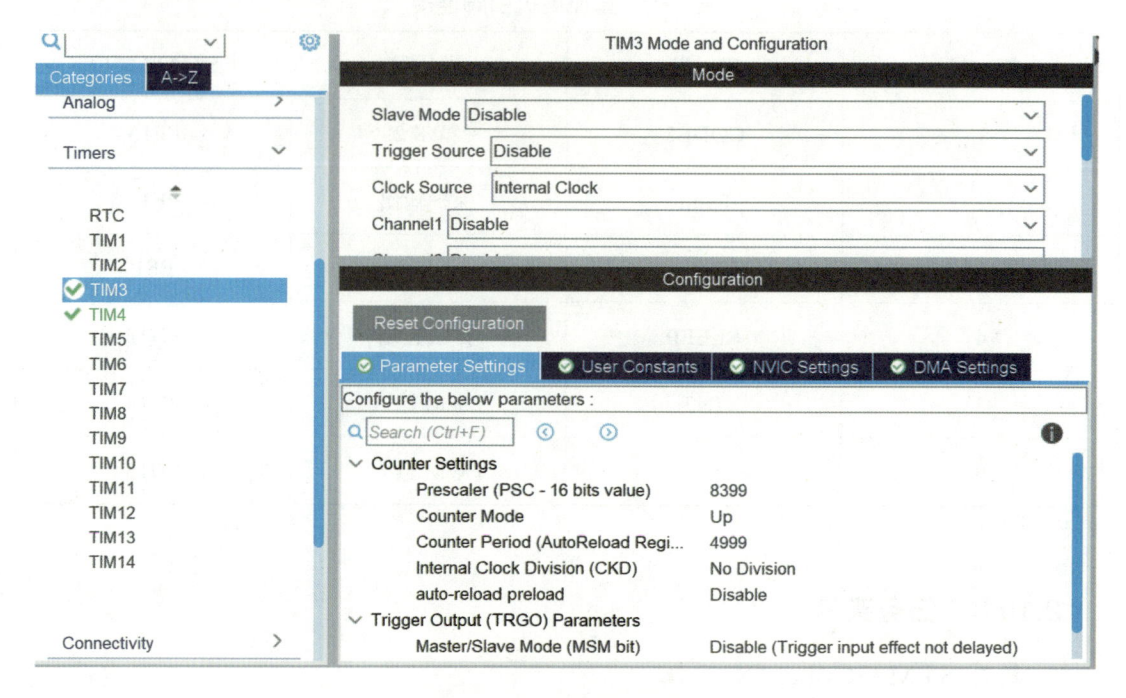

图 2-74　定时器 3 设置

定时器时钟频率为 84 MHz，分频系数为 8 400，所以计数频率为 84 MHz/8400=10 kHz，计数 5 000 次需要 500 ms。

4. 定时器 4 初始化

初始化定时器 4，如图 2-75 所示。

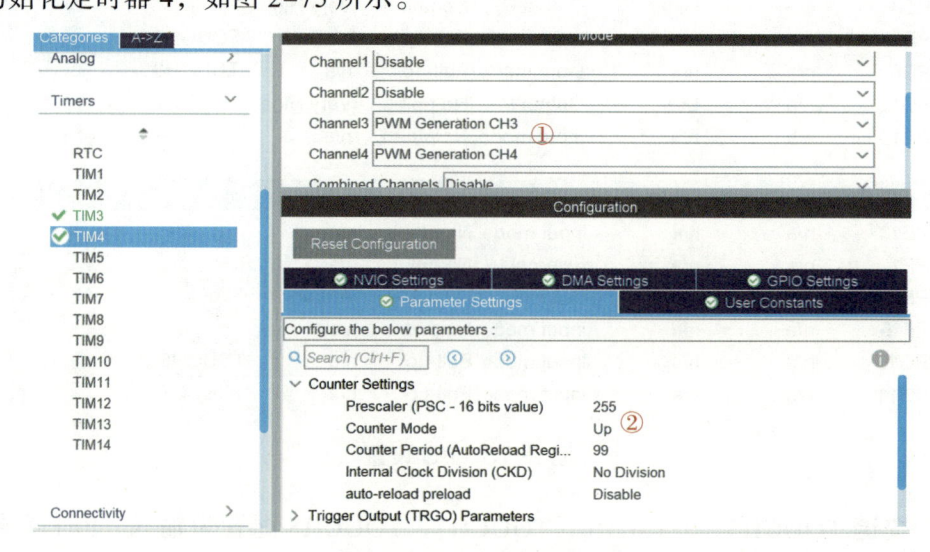

图 2-75　PWM 设置

两路 PWM 信号通过 CH3、CH4 输出，即 PD14 和 PD15。

5. LCD 显示设置

LCD 显示设置，如图 2-76 所示。

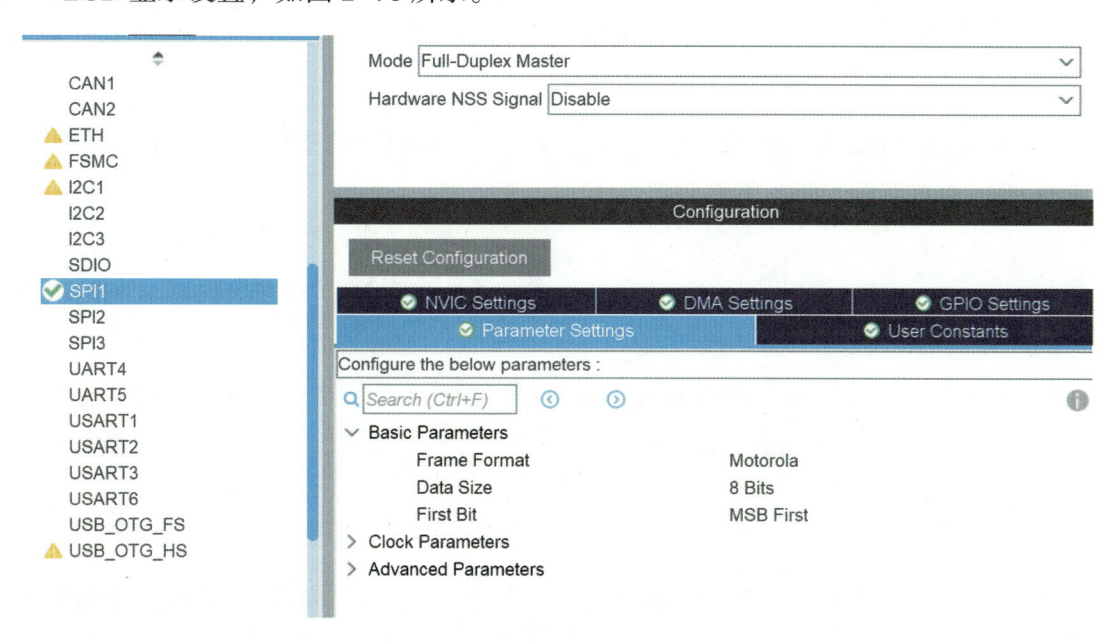

图 2-76　LCD 显示设置

6. 根据任务要求，完善代码

第一步：完善定时器 3 代码。

```
void HAL_TIM_PeriodElapsedCallback(TIM_HandleTypeDef *htim)
{
  if(TIM3 == htim->Instance)
  {
      code_count_dis_new = code_count;// 保存编码器计数
        code_count = 0;      // 编码器计数清零
  }


}
```

第二步：完善外部中断、编码器计数代码。

```
void HAL_GPIO_EXTI_Callback(uint16_t GPIO_Pin)
{
  if (GPIO_Pin & GPIO_PIN_1)
  {
```

```
            read_code_A_bit = HAL_GPIO_ReadPin(GPIOF,GPIO_PIN_1);// 读取编码器 A
相的电平
            read_code_B_bit = HAL_GPIO_ReadPin(GPIOF,GPIO_PIN_15);// 读取编码器
B 相的电平

            if(read_code_A_bit==1)                  // 编码器的中断设置成上升沿中断，
保险起见，中断后再判断一下编码器 A 相的电平
              {
                  if(read_code_B_bit==0)           // 判断编码器 B 相的电平
                  {
                      test_direction_new = 0;      // 确定方向标志位
                      code_count++;                // 速度计数累加
                  }

                  if(read_code_B_bit==1)           // 判断编码器 B 相的电平
                  {
                      test_direction_new = 1;      // 确定方向标志位
                      code_count++;                // 速度计数累加
                  }
              }
          }
```

第三步：完善 main 函数代码。

代码如下。

```
    /* USER CODE BEGIN 2 */
    LCD_Init(); // 屏幕初始化
    HAL_TIM_Base_Start_IT(&htim3); // 打开定时器 3
    HAL_TIM_PWM_Start(&htim4, TIM_CHANNEL_3);// 使能定时器 4 第三通道
    HAL_TIM_PWM_Start(&htim4, TIM_CHANNEL_4);// 使能定时器 4 第四通道
    HAL_GPIO_WritePin(GPIOD,GPIO_PIN_12,GPIO_PIN_SET);// 使能电机
    __HAL_TIM_SET_COMPARE(&htim4, TIM_CHANNEL_3, 200);// 电机逆时针旋
转 ,200 为 CCRY 比较值，电机启动旋转，通过改变此处值改变电机转速
```

__HAL_TIM_SET_COMPARE(&htim4, TIM_CHANNEL_4, 0);// 逆时针此处为 0, 顺时针相反

　　LCD_Clean(BLUE);　　　// 屏幕刷屏

　　　　LCD_ShowString(0, 0, "PWM(0-250):", 32, WHITE);// 显示 PWM 值

　　　　LCD_ShowString(0, 32, "DIR-SET:", 32, WHITE);// 显示方向

　　　　LCD_ShowString(0, 64, "DIR-TEST:", 32, WHITE);// 显示更改方向

　　　　LCD_ShowString(0, 96, "SPEED:", 32, WHITE);// 显示编码器读数

　　/* USER CODE END 2 */

2.10.4　下载测试

下载程序到口袋机，屏幕显示如图 2-77 所示，按 A 键，电机开始转动，按 D 键，电机停止转动，B 键和 C 键可以控制转动方向，所有参数都在屏幕上同步显示。

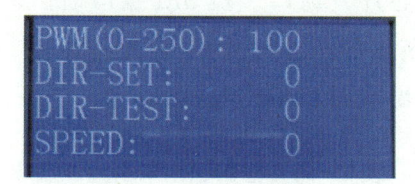

图 2-77　实验现象

2.10.5　思考题

（1）怎样通过按键改变电机转速？

（2）根据文档编写步进电机驱动程序。

2.11　任务 11：语音识别

　　LD3320 芯片是一款"语音识别"专用芯片，由 ICRoute 公司设计生产。该芯片集成了语音识别处理器和一些外部电路，包括 AD 转换器、DA 转换器、麦克风接口、声音输出接口等。本芯片在设计上注重节能与高效，不需要外接任何辅助芯片，如 Flash、RAM 等，其直接集成在现有的产品中即可以实现语音识别、声音控制、人机对话功能。并且，识别的关键词语列表是可以任意动态编辑的。语音识别模块如图 2-78 所示。

图 2-78 语音识别模块

2.11.1 任务要求

本任务要求在程序中录入 5 个词条，分别是"1：你好。""2：同学。""3：北京。""4：上海。""5：比赛。"，要求屏幕上能显示所录入词条对应的数字。

2.11.2 硬件连接

采用 LD3320 语音识别芯片，与口袋机 SPI 接口通信，外接麦克风、晶体振荡器。硬件连接示意图如图 2-79 所示。

与口袋机连接，引脚连接如表 2-10 所示。

表 2-10 语音识别卡引脚连接

编 号	定 义	说 明	单片机端口
1	CLK	SPI 时钟	PA4
2	MOSI	SPI 数据输入	PD7
3	MISO	SPI 数据输出	PA5
4	CS	SPI 片选	PF1
5	RST	复位	PD12
6	INT	中断输出	PD14

第 2 章　基础设计

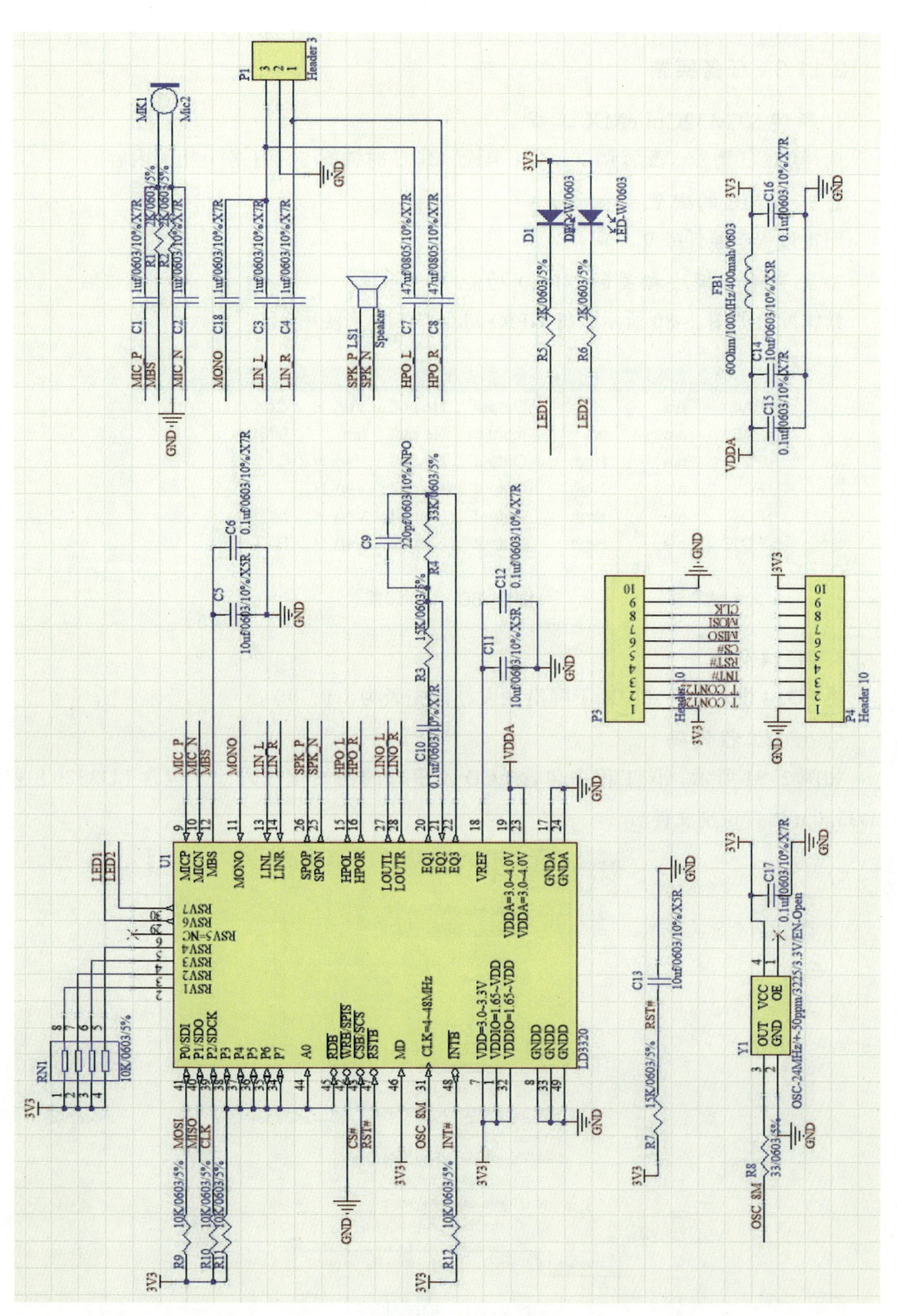

图 2-79　硬件连接

2.11.3 任务实施

1. 新建 STM32CubeMX 工程

选择 MCU 型号，配置调试端口，配置 MCU 时钟树参考任务 1 相关内容。

2. 完成 SPI 的配置

配置过程参照任务 9。

3. 配置语音模块相关的 GPIO 功能

具体配置如图 2-80 所示，将 GPIO 口当作 SPI 来使用。

Pin	Signal	GPIO o...	GPIO ...	GPIO P...	Maxim...	User L...	Modified
PA4	n/a	High	Output ...	No pull...	Very H...	CLK	✓
PA5	n/a	n/a	Input m...	No pull...	n/a	MISO	✓
PC2	n/a	High	Output ...	No pull...	Very H...		✓
PC3	n/a	High	Output ...	No pull...	Very H...		✓
PD7	n/a	High	Output ...	No pull...	Very H...	MOSI	✓
PD12	n/a	High	Output ...	No pull...	Very H...	RST	✓

图 2-80　I/O 设置

4. PD14 设置

将 PD14 设置为外部中断下降沿触发，优先级为（1，0）。

5. 生成工程代码

如图 2-81 所示，该工程中包含 LCD 及串口的初始化代码，并包含 LD3320.h 和 LD3320.c 语音识别文件。

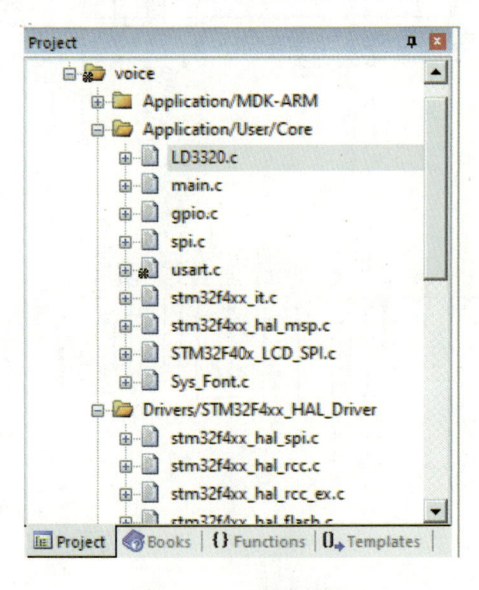

图 2-81　程序结构

6. 完善工程

第一步：添加外部中断响应函数。

```c
void HAL_GPIO_EXTI_Callback(uint16_t GPIO_Pin)
{
 if (GPIO_Pin & GPIO_PIN_14)
  {
        INT_flag = 1;
        printf("INT is OK\r\n");
  }
 }
```

第二步：初始化 main 函数。

```c
/* USER CODE BEGIN 2 */
      printf("USART1 Init OK\r\n");
      LCD_Init();
      //LCD_PWM_L;
      LCD_Clean(BLACK);// 清屏
      HAL_Delay(10);
      LCD_ShowString(0, 0, "speech :", 32, RED);

      ld3320_reset();// 模块复位
      HAL_Delay(100);// 延时
      while(ld3320_check())// 检查模块通信是否正常
      {
          printf("LD3320 Error!!\r\n");// 串口打印错误
          HAL_Delay(500);
      }
      printf("LD3320 OK!!\r\n");// 串口打印正常

      ld3320_init_asr();// 模块设置 ASR 寄存器
      ld3320_asr_addFixed();// 添加识别关键词语
      test_u8 = ld3320_read_reg(0xBF);// 看是不是 31
      test_u8 = ld3320_asrun();//
```

```c
            nAsrStatus = LD_ASR_NONE;              //       初始状态
            nLD_Mode = LD_MODE_ASR_RUN;//
    /* USER CODE END 2 */
```

第三步：while 循环中添加以下代码。

```c
if(INT_flag)// 判断是否有中断
    {
            INT_flag = 0;;// 中断标志清零
            ld3320_process_init();// 初始化


            test_u8 = LD_GetResult();// 查看识别结果
            printf("test_u8 = %02x\r\n",test_u8);// 串口打印


            LCD_Draw_Rect_Win(0,32,32,32,BLACK);// 在对应的位置清屏变成黑色
            LCD_ShowNum(0,32,test_u8,1,32,RED);// 显示识别的结果，显示 0 ~ 5
            ld3320_init_asr();// 初始化
            ld3320_asr_addFixed();// 添加识别关键词语
            test_u8 = ld3320_read_reg(0xBF);// 看是不是 31
            test_u8 = ld3320_asrun();//
            nAsrStatus = LD_ASR_NONE;              // 初始状态
            nLD_Mode = LD_MODE_ASR_RUN;//
}
```

2.11.4 下载测试

程序中录入 5 个词条，分别如下。

（1）1：你好。

（2）2：同学。

（3）3：北京。

（4）4：上海。

（5）5：比赛。

可以对着模块讲话，识别结果会显示在屏幕的第二行，不要距离麦克风太近，否则识别效果会不理想，在安静的环境下识别率会比较高。

2.11.5 思考题

语音控制LED开关,例如说"开灯""关灯",对应的口袋机上的LED点亮、熄灭。

第 3 章 进阶任务

ns
第 3 章 进阶任务

3.1 任务 1：设计一个彩灯广告牌

3.1.1 任务要求

设计一个全彩 LED 户外广告牌，要求能够控制 8×8 点阵 LED 显示动态变色流水灯及动态变化字体等常见户外广告牌样式。

3.1.2 原理图及 PCB 设计

1. WS2812B 介绍

WS2812B 是一个集控制电路与发光电路于一体的智能外控 LED 光源。其外形与 5050LED 灯珠相同，每个元件即为一个像素点。像素点内部不仅包含了智能数字接口数据锁存信号整形放大驱动电路，还包含了高精度的内部振荡器和可编程定电流控制部分，有效保证了像素点光的颜色高度一致。

WS2812B 采用单线归零码的通信方式，像素点在上电复位以后，DIN 端接受从控制器传输过来的数据，首先送过来的 24 bit 数据被第一个像素点提取后，送到像素点内部的数据锁存器，剩余的数据经过内部整形处理电路整形放大后，通过 DO 端口开始转发输出给下一个级联的像素点，每经过一个像素点的传输，信号减少 24 bit。自动整形转发技术使该像素点的级联个数不受信号传送的限制，仅受信号传输速度的限制。

WS2812B 的数据发送速度可达 800 kbps，端口扫描频率高达 2 kHz，在高清摄像头的捕捉下都不会出现闪烁现象，非常适合高速移动产品的使用。当遇到 280 μs 以上的 RESET 时间，出现中断时，其也不会引起误复位，可以支持更低频率、价格便宜的 MCU。

WS2812B 具有低电压驱动、环保节能、亮度高、散射角度大、一致性好、超低功率及超长寿命等优点。其将控制电路集成于 LED 上，使电路变得更加简单，体积小，安装更加简便。

WS2812B 主要应用于以下领域。

（1）LED全彩发光字灯串，LED全彩软灯条和硬灯条，LED护栏管。

（2）LED点光源，LED像素屏，LED异形屏，各种电子产品，电器设备跑马灯。

WS2812B的灯珠结构如图3-1所示。

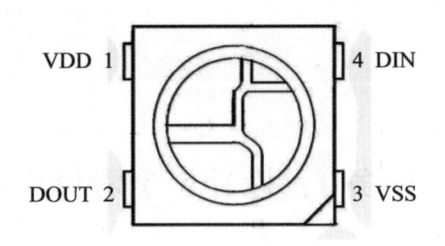

图3-1 灯珠结构

WS2812B的引脚功能如表3-1所示。

表3-1 引脚功能

序 号	符 号	管脚名	功能描述
1	VDD	电源	供电脚
2	DOUT	数据输出	控制数据信号输出
3	VSS	接地	信号接地和电源接地
4	DIN	数据输入	控制数据信号输入

2. 数据传输

（1）WS2812B输出的波形码如表3-2所示。

表 3-2 波形码

T0H 0 码	高电平时间 220 ns ～ 380 ns
T0L 0 码	低电平时间 580 ns ～ 1.6 μs
T1H 1 码	高电平时间 580 ns ～ 1.6 μs
T1L 1 码	低电平时间 220 ns ～ 420 ns
RES 复位	低电平时间 280 μs 以上

通过高电平的时间来判定当前的数据是"1"还是"0"。

（2）数据传输方法如图 3-2 所示。

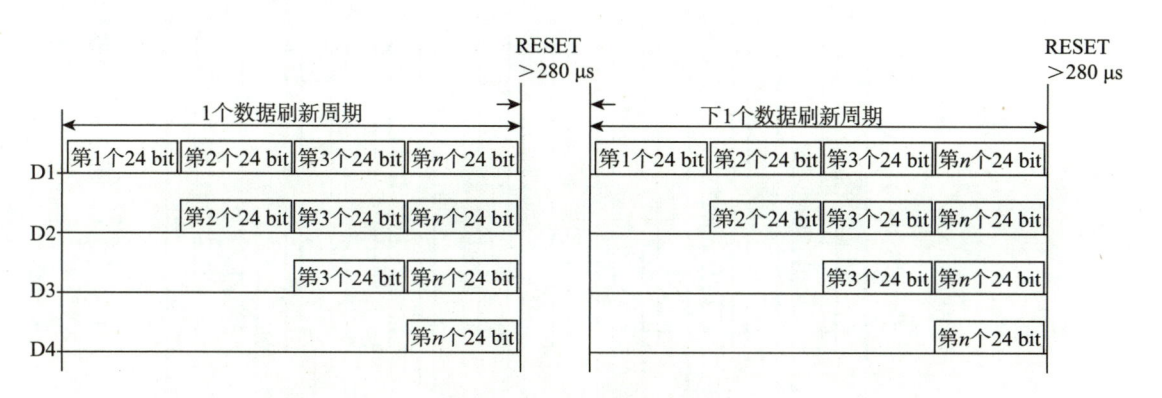

图 3-2 数据传输方法

图 3-2 中 D1 为 MCU 端发送的数据，D2、D3、D4 为级联电路自动整形转发的数据。图中 n 为 WS2812B 的个数，n 个为一帧发送完，经过 280 μs 复位后，发送第二帧数据。

24 bit 数据结构为 G7 G6 G5 G4 G3 G2 G1 G0 R7 R6 R5 R4 R3 R2 R1 R0 B7 B6 B5 B4 B3 B2 B1 B0，每个 LED 可显示真彩 24 位色。高位先发，按照 GRB 的顺序发送数据。

3. 实物制作

本次广告牌设计采用 64 颗 WS2812B LED。

（1）原理图绘制。根据 datasheet，完成原理图绘制，如图 3-3 所示。

图 3-3 原理图

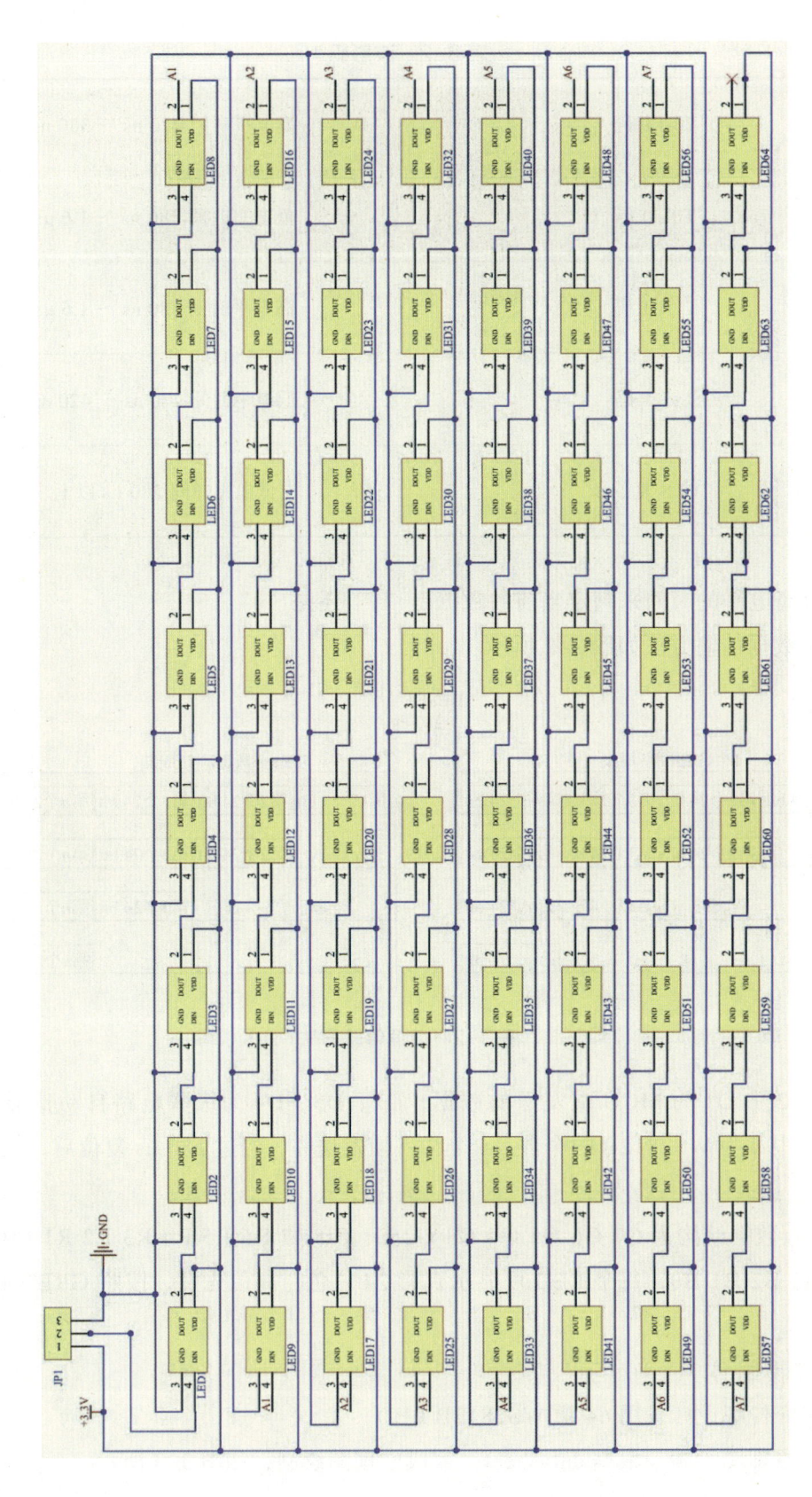

（2）PCB 制板。PCB 制板如图 3-4 所示。

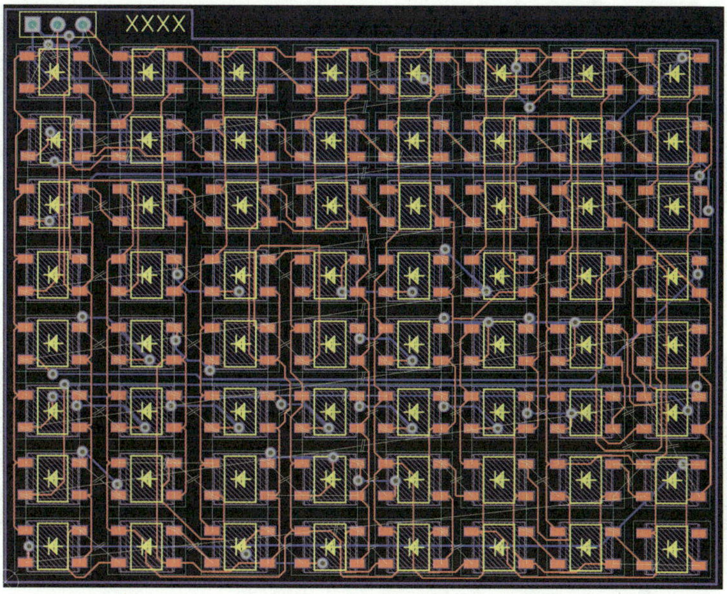

图 3-4　PCB 板图

3.1.3　任务实施

1. 方案 1，采用翻转 GPIO 方法

（1）实现原理。发送"1"时，高电平持续时间 950 ns±150，低电平持续时间 300 ns±150；发送"0"时，高电平持续时间 300 ns±150，低电平持续时间 950 ns±150，周期为 1.25 μs，通过 __nop() 函数来实现延时，代码如下。

```
void delay_ns(void) // 延时 ns
{   __nop();__nop();__nop();__nop();__nop();
    __nop();__nop();__nop();__nop();__nop();
    __nop();__nop();__nop();__nop();__nop();
    __nop();__nop();__nop();__nop();__nop();
    __nop();__nop();__nop();__nop();__nop();
}
void delay_us(void)// 延时
{
delay_ns();delay_ns();delay_ns();delay_ns();
}
```

通过逻辑分析仪显示波形。

发送"0"时波形如图 3-5 所示，高电平为 255 ns，位于波形码范围内。

图 3-5　发送"0"时的波形

发送"1"时波形如图 3-6 所示，高电平为 820 ns，位于波形码范围内。

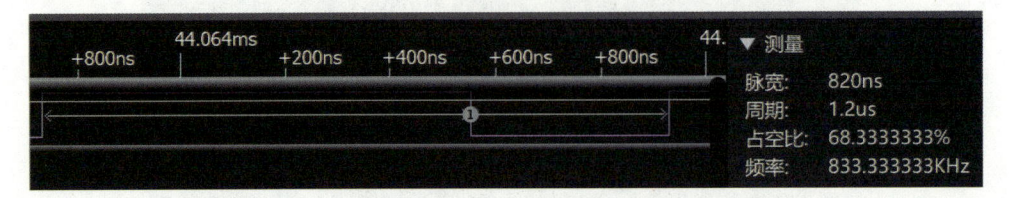

图 3-6　发送"1"时的波形

（2）STM32CubeMX 配置。

①新建 STM32CubeMX 工程，选择 MCU 型号，配置调试端口，配置 MCU 时钟树，参考任务 1 相关内容。

②配置 GPIO 口，如图 3-7 所示。

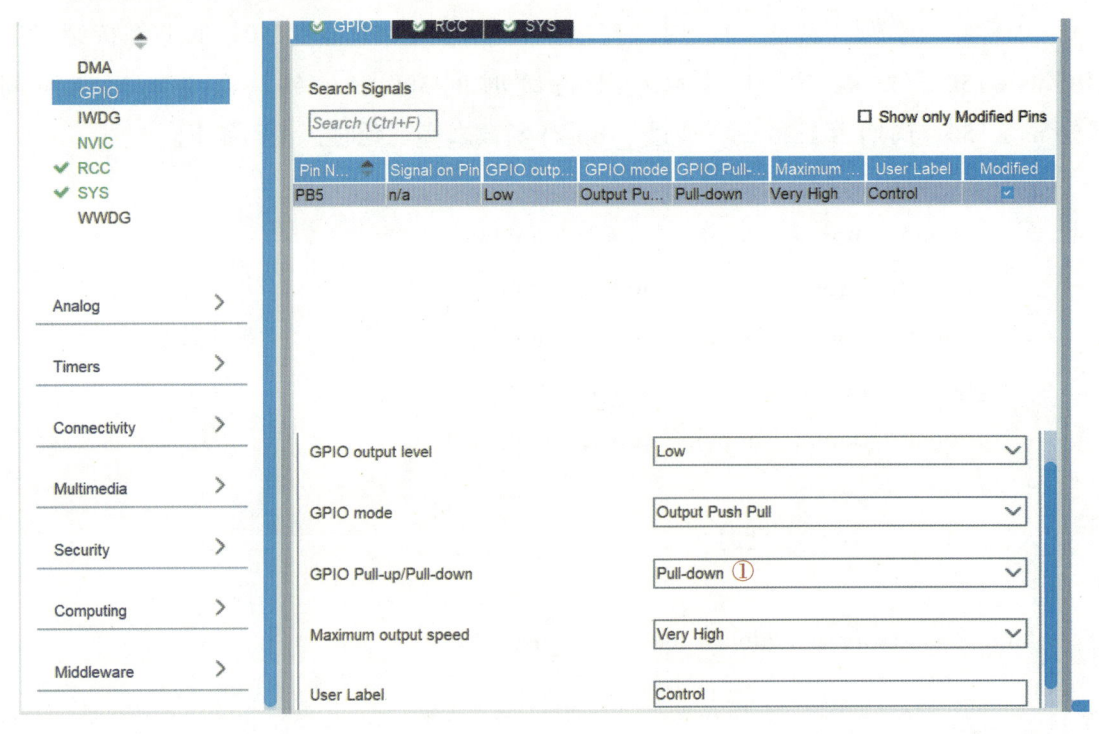

图 3-7　配置 GPIO 口

图 3-7 中标号①处,"GPIO Pull-up/Pull-down"选择"Pull-down"。
(3)保存 STM32CubeMX,生成初始 C 代码工程,完善代码。
①发送"1"和"0"关键代码。

```
void send_bit(uint8_t n)
{
    if(n)
    {
        HAL_GPIO_WritePin(GPIOB, GPIO_Pin5, GPIO_PIN_SET);
        delay_us();
        HAL_GPIO_WritePin(GPIOB, GPIO_Pin5, GPIO_PIN_RESET);
        delay_ns();
    }
    else
    {
        HAL_GPIO_WritePin(GPIOB, GPIO_Pin5, GPIO_PIN_SET);
        delay_ns();
        HAL_GPIO_WritePin(GPIOB, GPIO_Pin5, GPIO_PIN_RESET);
        delay_us();
    }
```

②初始化数据代码如下。

```
uint8_t grb_buf[64][3];// 定义数组,64 个 LED
void LED_init(void)// 数据初始化,64 个灯全部显示红色
{
    uint8_t i;
    for(i=0;i<64;i++)
    {
        grb_buf[i][0] = 0;
        grb_buf[i][1] = 255;
        grb_buf[i][2] = 0;
    }
}
```

③按 GRB 顺序发送数据,代码如下。

// 数据采用 GRB 的顺序发送，跟显示原理相符
```c
void send_one_GRB(uint8_t GG, uint8_t RR, uint8_t BB)
{
    uint8_t i;
    for(i=0;i<8;i++)
    {
      if(GG&0x80)
        {send_bit(1);}
      else
        { send_bit(0);}
      GG = GG<<1;
    }
    for(i=0;i<8;i++)
    {
        if(RR&0x80)
        {send_bit(1);}
        else
        {send_bit(0);}
    RR = RR<<1;
    }
    for(i=0;i<8;i++)
    {
       if(BB&0x80)
       {send_bit(1);}
       else
       {send_bit(0);}
       BB = BB<<1;
    }
  }
}
```

④发送数据，代码如下。
```c
void send_LED(void)
```

```
    {
        uint8_t i;
        for(i=0;i<64;i++)
        {
            send_one_GRB(grb_buf[i][0],grb_buf[i][1],grb_buf[i][2]);
        }
    }
```

该方案使用 GPIO 口，无须选择外设。其优点是程序简单，填充所有要显示的数据之后发送出去即可。缺点是有一定的硬延时，会对系统产生影响。

2. 方案 2：采用 PWM+DMA 方法

（1）实现原理。首先用 PWM 修改占空比的方式实现逻辑 1 和逻辑 0 的脉冲，其次将数据通过 DMA 发送到 TIM8 外设，发送 280 μs 的低电平 RESET 信号以及每个灯珠的 24 个 "0" 或者 "1" 的脉冲。

（2）STM32CubeMX 配置。

①时钟配置，配置 HCLK 为 100 M，这样 TIM8 的工作频率是 100 M。

②定时器的 PWM 通道设置，如图 3-8 所示。

图 3-8 中各标号的含义如下。

标号①，选择高级定时器 TIM8。

标号②，选择内部时钟工作频率为 100 M。

标号③，选择 TIM8 的第 3 个通道输出 PWM 波，即 PC8。

标号④，不分频，即 100 M。

标号⑤，输入 125，由于定时器工作频率为 100 M，即周期为 10 ns，计数到 125 即 1 250 ns，PWM 一个周期为 1 250 ns，发送 "1" 时，高电平占 950 ns，低电平占 300 ns，发送 "0" 时，高电平占 300 ns，低电平占 950 ns，符合 WS2812B 波形码图。

③ DMA 配置，如图 3-9 所示。

图 3-9 中各标号的含义如下。

标号①，选择 DMA。

标号②，选择 TIM8_CH3。

标号③，选择 "Memory To Peripheral"，这里的 "Memory" 是定义的数据数组，"Peripheral" 是 TIM8 中产生 PWM 的比较寄存器。

标号④，"Data Width" 选择 "Word"，要与程序定义的数据类型一致。

④ GPIO 配置，如图 3-10 所示。

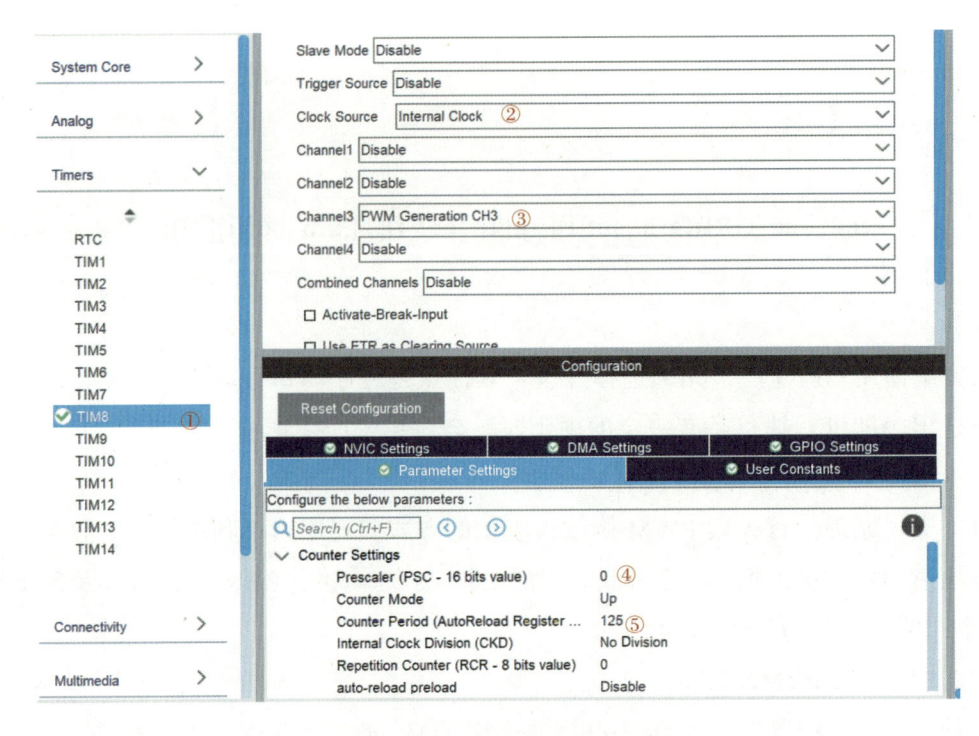

图 3-8　定时器的 PWM 通道设置

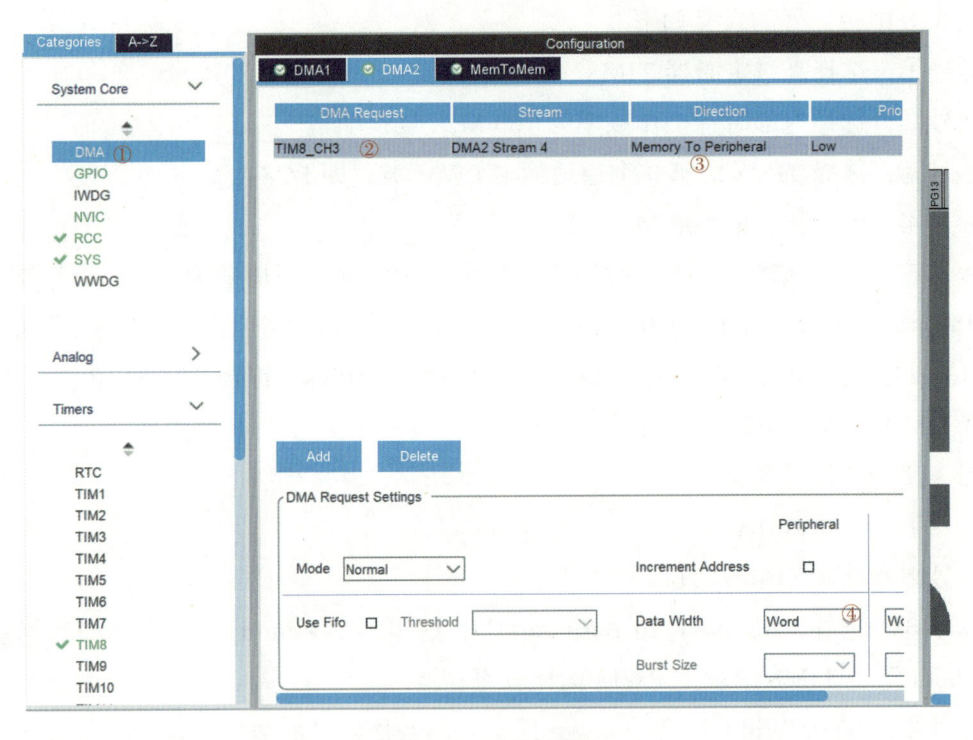

图 3-9　DMA 设置

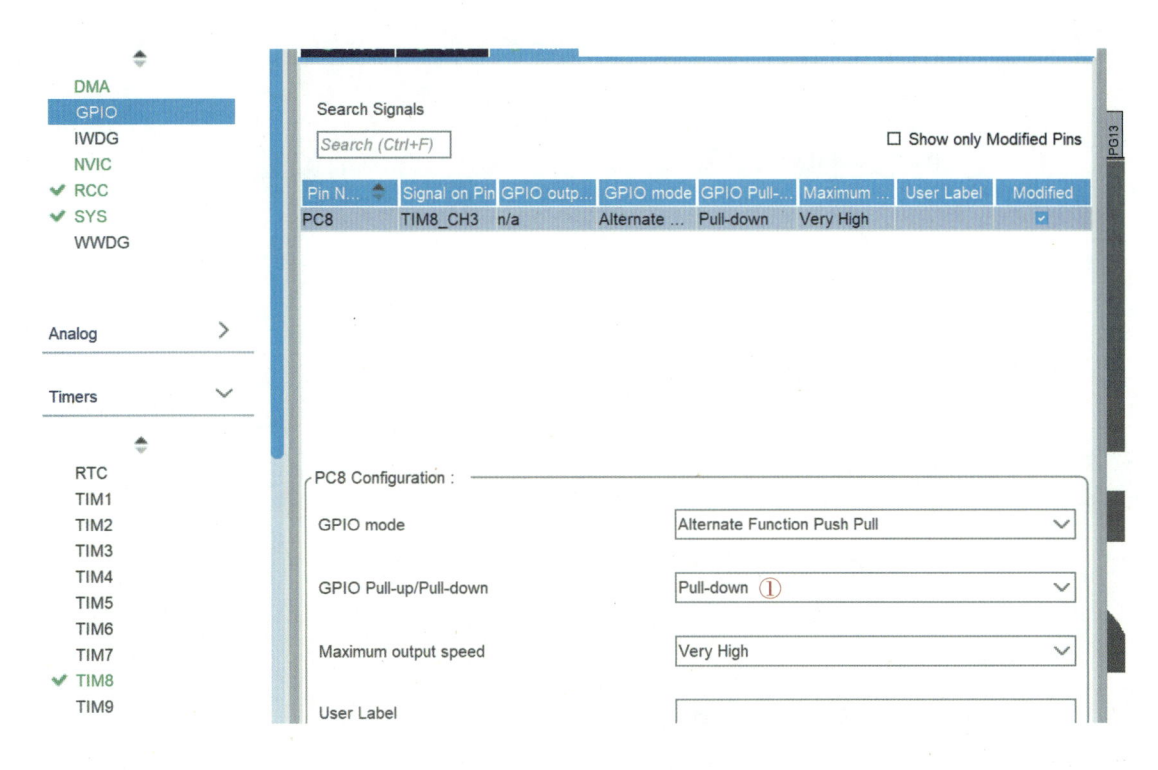

图 3-10　GPIO 设置

图 3-10 中标号①处"GPIO Pull-up/Pull-down"选择"Pull-down"。
(3) 保存 STM32CubeMX，生成初始 C 代码工程，完善代码。
①定义 pwm_data 数组。
```
/* 64 个灯，每个灯 24 位，即 24×64；
    1 个时钟周期 1/100 M=10 ns，PWM 周期 1.25 μs，950+300=1250 ns。
    占空比 =95，发送 1，即高电平 950 ns，低电平 300 ns，发送 0 相反。
    RESET 信号 >280 μs 的低电平，取 300，占空比为 0，即 300/1.24=240。
    +1 为了调整波形
*/
uint32_t pwm_data[240+24×64+1]={0};
```
②初始化 pwm_data。
```
void data_init(void)// 数据初始化，按 GRB 顺序传送
{
    uint16_t i,x,y,z;
    for(x=240;x<1777;x+=24)    //G
    {
```

```
            for(i=0;i<8;i++)
            {
               pwm_data[x+i] = 95;
            }

      }
      for(y=248;y<1777;y+=24)//R
      {
            for(i=0;i<8;i++)
            {
               pwm_data[y+i] = 30;
            }
      }
      for(z=256;z<1777;z+=24)//B
      {
            for(i=0;i<8;i++)
            {
                    pwm_data[i+z] = 30;
            }
      }
}
```

③开始传输数据。

```
while (1)
{
/* USER CODE BEGIN 3 */
    HAL_TIM_PWM_Start_DMA(&htim8,TIM_CHANNEL_3,&pwm_data[0],240+24*64+1);
}
/* USER CODE END 3 */
```

④传输结束之后调用回调函数，关闭 DMA。

```
void HAL_TIM_PWM_PulseFinishedCallback(TIM_HandleTypeDef *htim)
{
```

HAL_TIM_PWM_Stop_DMA(&htim8, TIM_CHANNEL_3);
}

⑤验证，通过逻辑分析仪显示波形。

发送"0"时的波形图如图 3-11 所示。

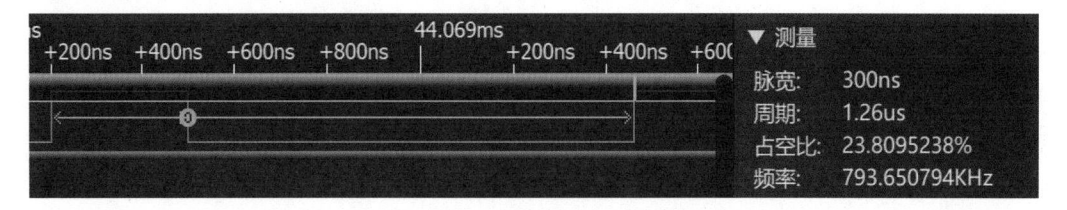

图 3-11　发送"0"时的波形图

发送"1"时的波形图如图 3-12 所示。

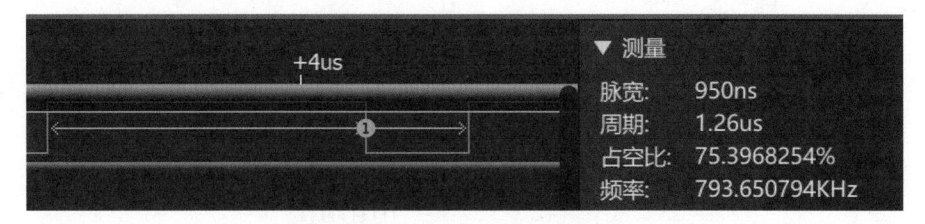

图 3-12　发送"1"时的波形图

从图 3-12 中可以看出，300+950=1.25 μs，符合设计要求。

3.1.4　思考题

补充相关代码，实现以下功能。

（1）实现流水追逐动态效果。

（2）实现显示汉字。

（3）实现各种变色或动态炫酷效果。

3.2　任务 2：酒精检测仪器的设计

3.2.1　任务要求

完成酒精检测仪器的设计，其屏幕上能够实时显示酒精浓度，并能根据酒精浓度给出语音提示（酒驾或者醉驾），发出警报。

3.2.2 原理图设计

酒精检测仪器的硬件设计原理图如图 3-13 所示。

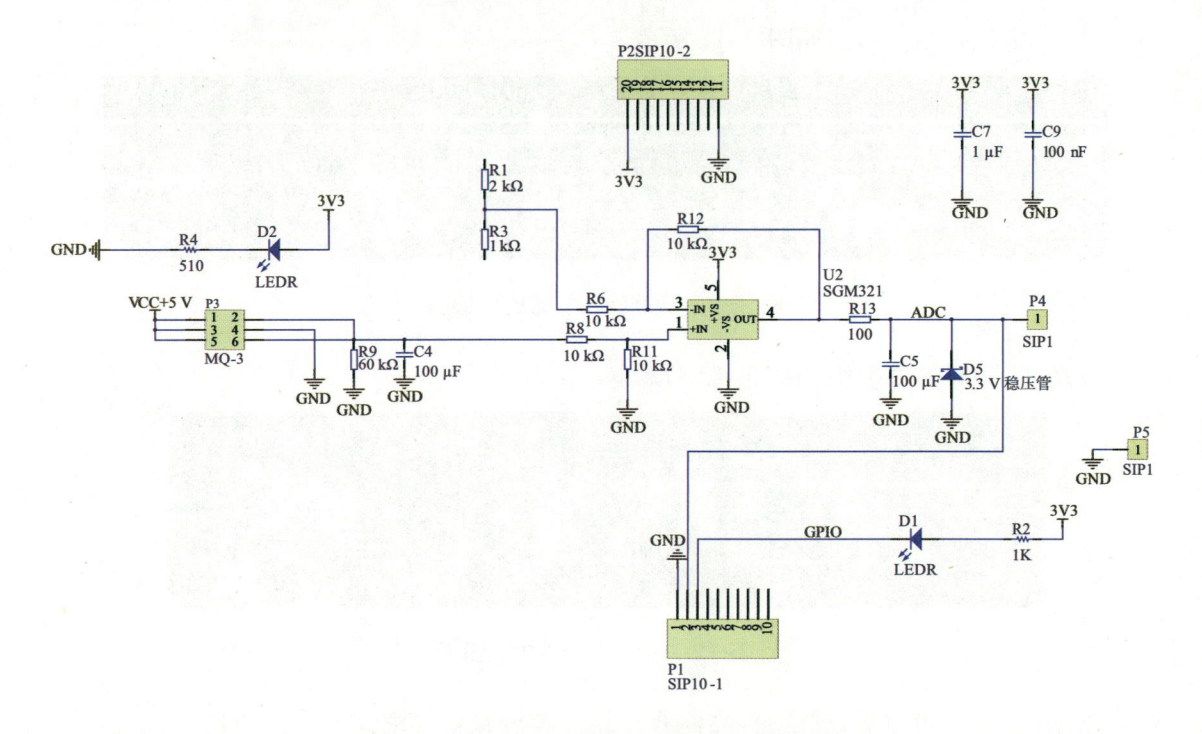

图 3-13 酒精检测仪器的硬件设计原理图

酒精传感器的型号为 MQ-3,输出信号经过运算放大器 SMG321 输入单片机的 AD 转换器中。

3.2.3 任务实施

1. 新建 STM32CubeMX 工程

选择 MCU 型号,配置调试端口,配置 MCU 时钟树参考任务 1 相关内容。

2. 配置 ADC 外设的工作参数

本设计使用 PF14 引脚作为 ADC3 的输入端口(图 3-14 中标号①处);频率为 84/4=21 M,精度为 12 位,数据对齐方式为右对齐,其他设置项均选择"Disable"(图 3-14 中标号②处);转换次数为 1 次,采用软件触发方式(图 3-14 中标号③处);采样通道为 14,采样时间为 480 个周期(图 3-14 中标号④处)。

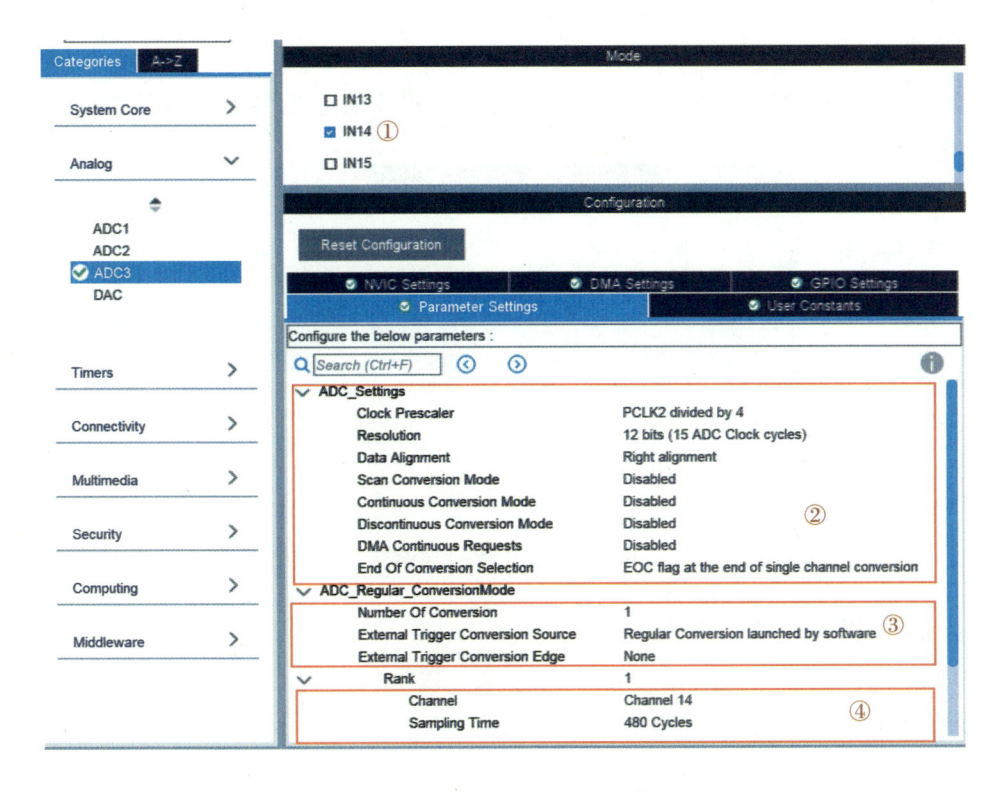

图 3-14　设置 ADC 外设

3. 设置 SPI 屏幕

各参数的设置如图 3-15 所示。

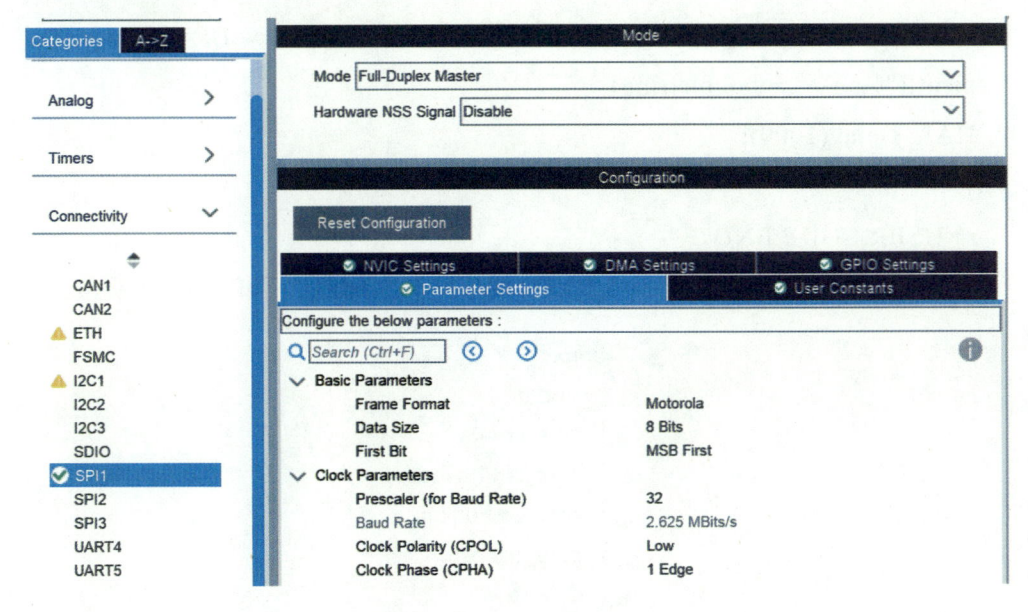

图 3-15　SPI 屏幕设置

4. 设置语音播报

设置 GPIO，把 PC0、PD3、PD4 作为语音播报模块 SPI 接口，如图 3-16 所示。

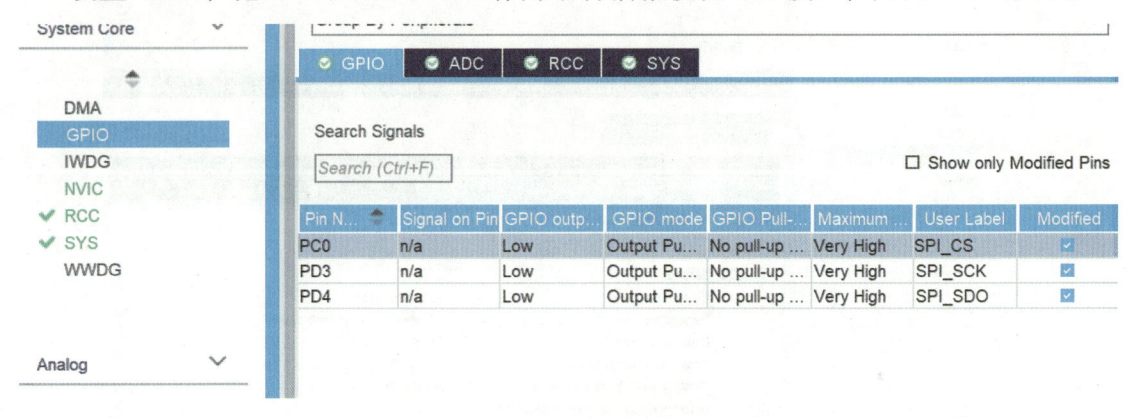

图 3-16　语音播报设置

5. 生成工程，完善代码

（1）完善 AD 采集代码，在 while(1) 中添加以下代码。

/* USER CODE BEGIN 3 */

　　HAL_ADC_Start(&hadc3);

　　HAL_ADC_PollForConversion(&hadc3, 100);

　　adc_value = HAL_ADC_GetValue(&hadc3);

　　adc_vol = (float)adc_value / 4096 * 3.3;

　　sprintf(achoholstring," 采集到的酒精值为 : %.2f V", adc_vol);

　　printf("%s\r\n",achoholstring);

　　HAL_Delay(1000);

　　}

/* USER CODE END 3 */

（2）完善语音播报代码。工程中添加 Audio.h 和 Audio.c，如图 3-17 所示。

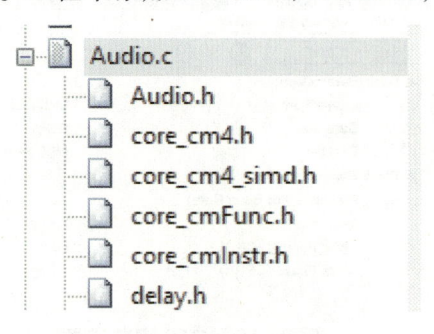

图 3-17　添加语音播报代码

同时在 main 函数中，添加 Audio_Init() 初始化函数，在 while(1) 中添加以下代码。

Audio_Start(" 采集到的酒精值浓度为 ××，达到 ×× 标准 ")

/* USER CODE END 3 */

（3）完善 LCD 代码。参考以前章节内容，完成 LCD 的初始化，并在 while(1) 循环中添加以下代码。

LCD_Draw_Rect_Win(200，32，64，32，BACKGROND);

LCD_ShowNum(200，32，adc_vol，4，32，TYPEFACE);

6. 程序下载并调试

LCD 屏幕显示效果如图 3-18 所示。

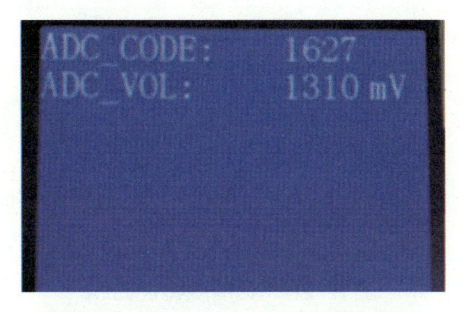

图 3-18　LCD 屏幕显示效果图

ADC_CODE 后显示的是单片机 AD 采样的原始数据。

ADC_VOL 后显示的是单片机 ADC 采集的电压数据。

向酒精传感器吹气，数值会发生变化。

3.2.4　知识拓展

（1）MQ-3 酒精传感器所使用的气敏材料是在清洁空气中电导率较低的二氧化锡（SnO_2）。当传感器所处环境中存在酒精蒸气时，传感器的电导率随空气中酒精蒸气浓度的增加而增大。使用简单的电路即可将电导率的变化转换为与该气体浓度相对应的输出信号。MQ-3 酒精传感器对酒精的灵敏度高，可以抵抗汽油、烟雾、水蒸气的干扰。这种传感器可检测多种浓度酒精蒸气，是一款应用范围较广的低成本传感器，外形如图 3-19 所示。

图 3-19　MQ-3 酒精传感器

（2）传感器典型的灵敏度特性曲线如图 3-20 所示。图中纵坐标为传感器的电阻比（R_s/R_0），横坐标为气体浓度。R_s 表示传感器在不同浓度气体中的电阻值，R_0 表示传感器在洁净空气中的电阻值。图 3-20 中所有测试都是在标准试验条件下完成的。

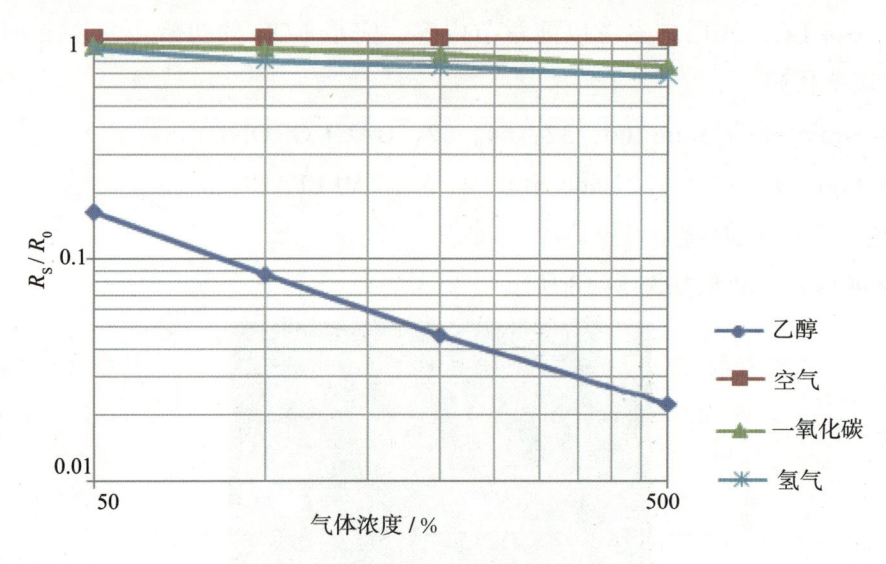

图 3-20　灵敏度特性曲线

3.3　任务 3：环境检测系统设计

3.3.1　任务要求

设计一个环境检测系统，能够检测环境的温湿度、光强度、$PM_{2.5}$，并通过 ZigBee 将数据上传到接收终端。

3.3.2　原理图设计

1. DHT11 温湿度模块

DHT11 温湿度模块设计原理图如图 3-21 所示。

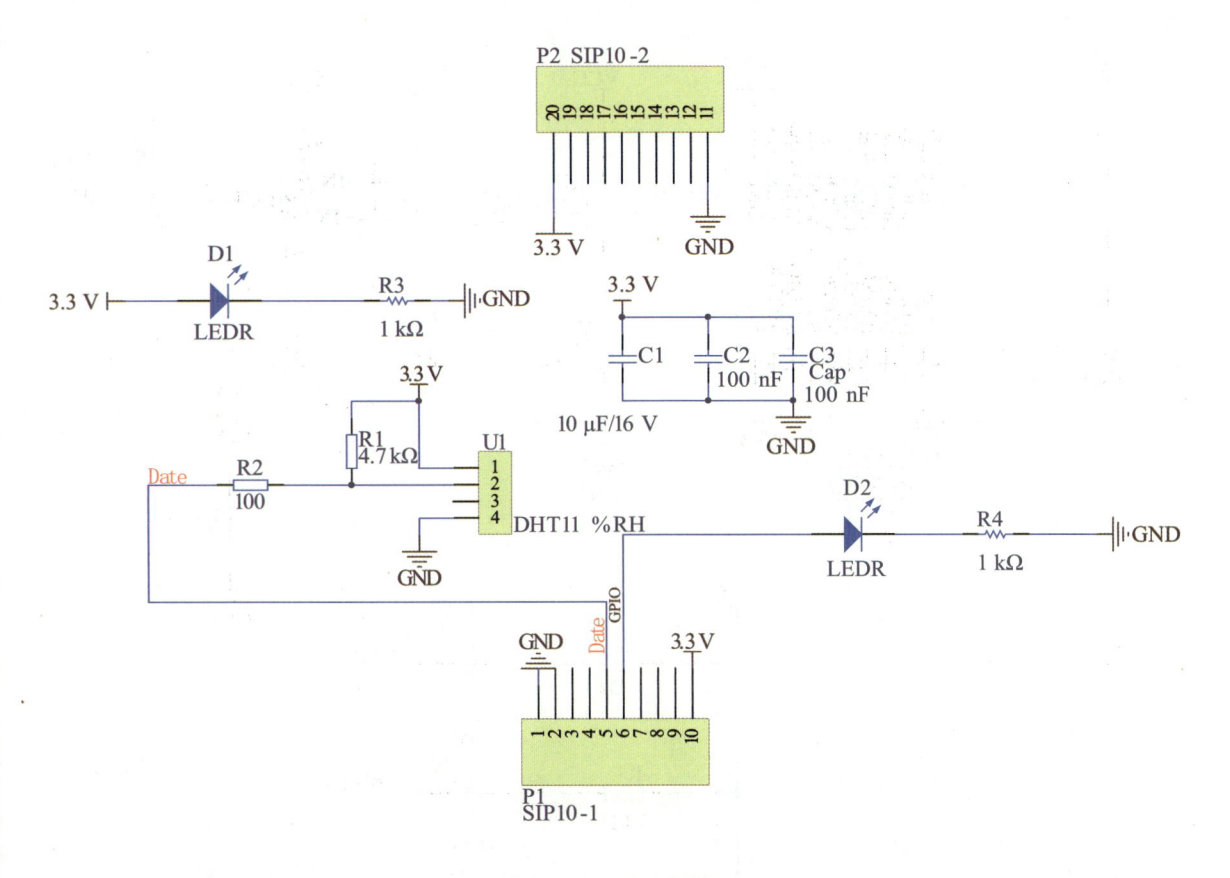

图 3-21　温湿度模块

本任务选用温湿度传感器 DHT11，另外选用一个 LED 与单片机的 GPIO 相连，MCU 通过单总线与 DHT11 模块通信，传输温湿度。

2. 光敏电阻模块

光敏电阻模块设计原理图如图 3-22 所示。

光敏电阻与 10 kΩ 电阻串联，中间点连接运算放大器，运算放大器设置为射随模式，减少输出阻抗。光敏电阻受到光照时，阻值会变小，中点电压会上升，因为单片机 ADC 采集端口有一定的输入阻抗、会影响光敏电阻和 10 kΩ 电阻的分压，所以中间接一个运算放大器，运算放大器具有高输入阻抗、低输出阻抗的特点，使 AD 采集电阻中点电压更加精准。

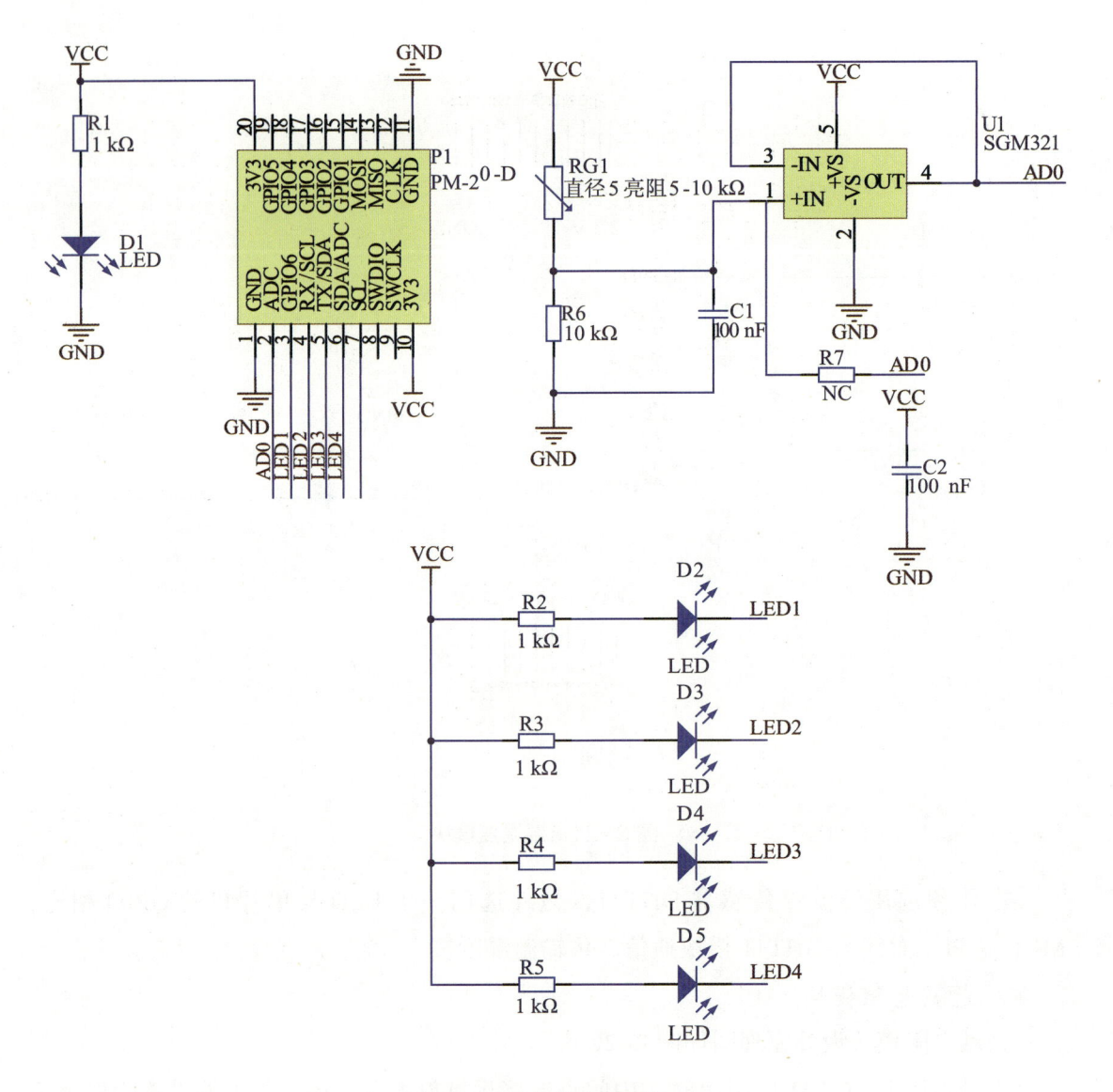

图 3-22 光敏电阻模块

3. PM$_{2.5}$ 空气质量模块

PM$_{2.5}$ 空气质量模块设计原理图如图 3-23 所示。

P2 是 PM$_{2.5}$ 模块接口，U1 是 3.3 V 转 5 V 芯片，因为 PM$_{2.5}$ 传感器需要 5 V 供电，所以需要将电压转换一下。夏普光学灰尘传感器（GP2Y1014AU0F）可以高效地检测非常细的颗粒，如香烟烟雾，是常用的空气净化器系统。该装置包含一个红外发光二极管和光电晶体管，呈对角布置，可检测到在空气中的灰尘的反射光。

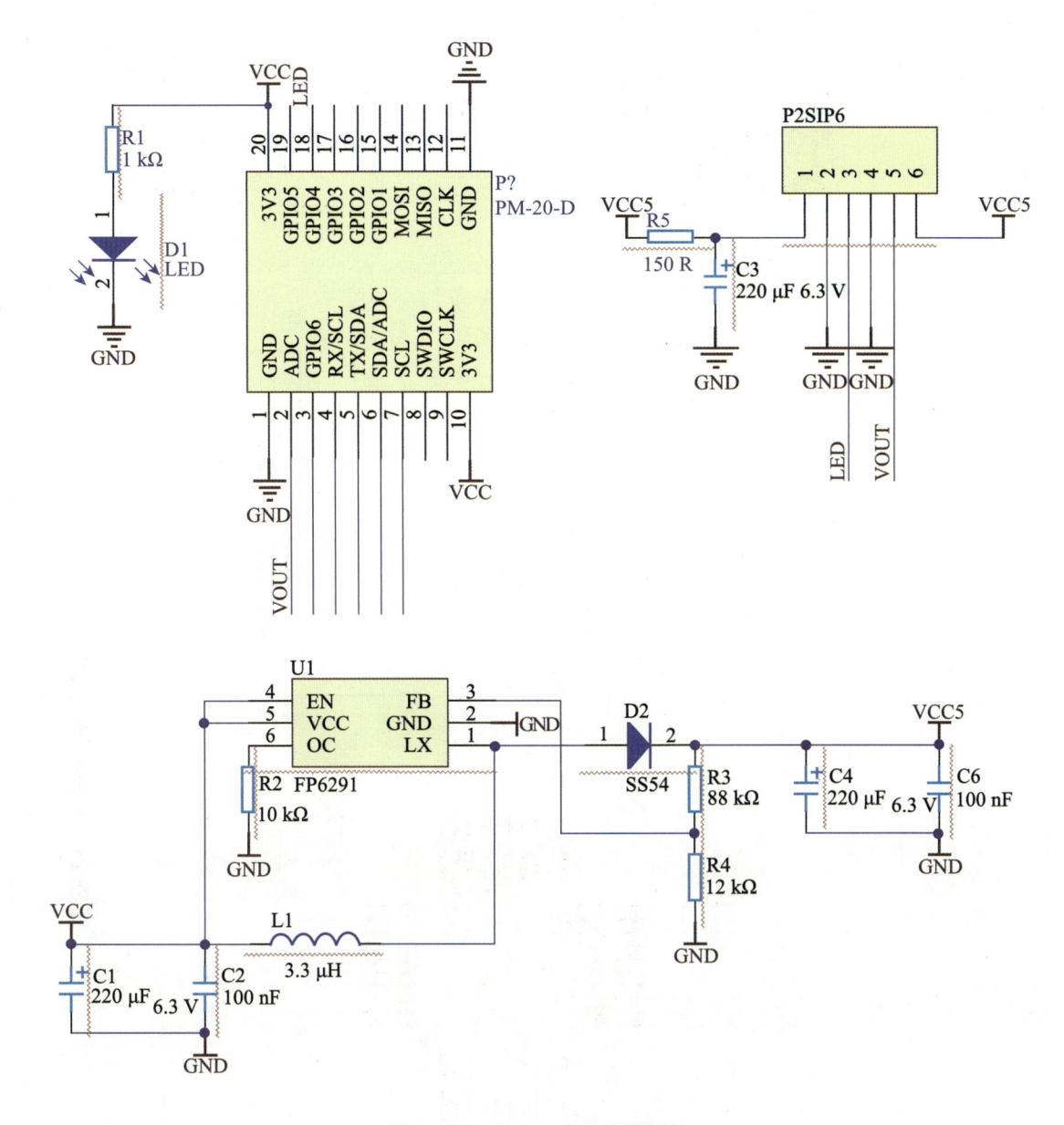

图 3-23　PM$_{2.5}$ 空气质量模块

4. ZigBee 通信模块

ZigBee 通信模块设计原理图如图 3-24 所示。

本模块采用 CC2530 芯片，其工作频率为 2 400～2 450 MHz，发射功率为 4.5 dBm，外接通信接口为串口，波特率是 115 200，上电后自动组网，通过串口命令设置本地模块的地址，通过串口命令向指定地址的模块发送数据。

图 3-24 ZigBee 通信模块

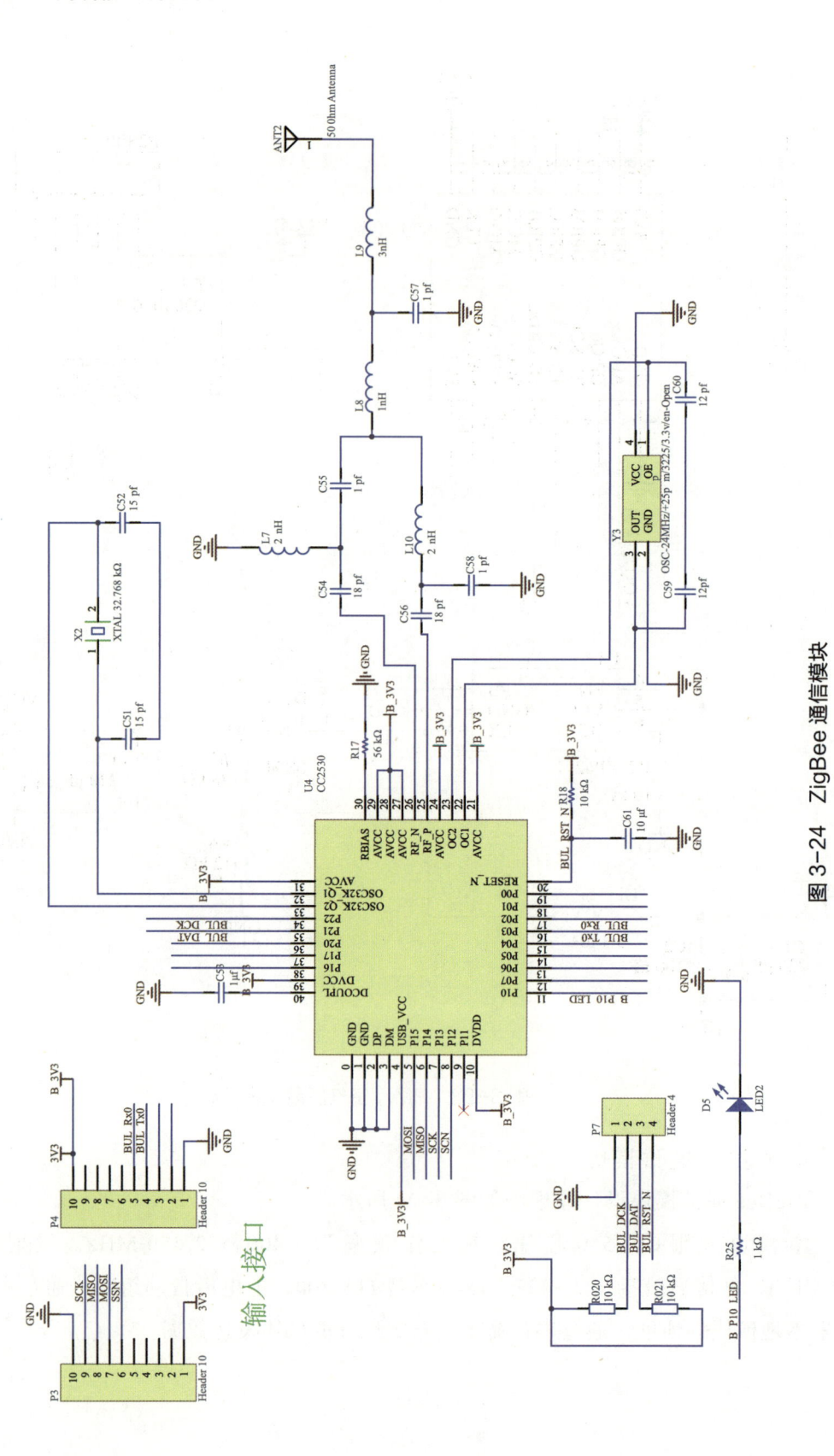

3.3.3 任务实施

1. 新建 STM32CubeMX 工程。

选择 MCU 型号，配置调试端口，配置 MCU 时钟树，参考任务 1 相关内容。

2. DHT11 温湿度数据采集

DHT11 采用单总线双向串行通信协议，每次采集都由 MCU 发起开始信号，然后 DHT11 向单片机发送响应并开始传输 40 位数据帧，高位在前。数据帧格式为 8 位湿度整数数据 +8 位湿度小数数据 +8 位温度整数数据 +8 位温度小数数据 +8 位校验位。DHT11 模块数据传输 data 管脚与 MCU 的 PE13 相连，初始化设置 PE13 为输出。数据采集函数如下。

```
// 采集温湿度数据
void dht11_read(void)
{
    u8 i;
    u8 loop_bit;
    u8 read_data_new;
    u8 read_data_old;
    u16 time_buf[100];
    u16 count;
    u16 data_H_buf[100];
    u8 buf_count;
    for(i=0;i<100;i++)
    {
        time_buf[i] = 0;
        data_H_buf[i] = 0;
    }
    data_out_mode();// 设置 PE13 为输出
    DATA_L;
    HAL_Delay(20);
    DATA_H;
    data_in_mode();// 设置 PE13 为输入
    loop_bit = 1;
```

```c
            buf_count = 0;
            while(loop_bit)
            {
                read_data_new = READ_DATA;
                if((read_data_new==0)&&(read_data_old==1))
                {
                    time_buf[buf_count] = count;
                    buf_count++;
                    count = 0;
                }
                if((read_data_new==1)&&(read_data_old==0))
                {
                    count = 0;
                }
                read_data_old = read_data_new;
                count++;
                if(count>=2000)
                {
                    count = 0;
                    loop_bit = 0;
                }
            }
            for(i=0;i<40;i++)
            {
                data_H_buf[i] = time_buf[i+2];
            }
            Humidity[0] = 0;
            Humidity[1] = 0;
            Temperature[0] = 0;
            Temperature[1] = 0;
            check_read = 0;
            for(i=0;i<8;i++)
```

```c
{
    Humidity[1] = Humidity[1]<<1;
    if(data_H_buf[i]>200)
     {
        Humidity[1] = Humidity[1]|0x01;
     }
}
for(i=0;i<8;i++)
{
    Humidity[0] = Humidity[0]<<1;
    if(data_H_buf[i+8]>200)
    {
        Humidity[0] = Humidity[0]|0x01;
    }
}
for(i=0;i<8;i++)
{
    Temperature[1] = Temperature[1]<<1;
    if(data_H_buf[i+16]>200)
    {
        Temperature[1] = Temperature[1]|0x01;
    }
}
for(i=0;i<8;i++)
{
    Temperature[0] = Temperature[0]<<1;
    if(data_H_buf[i+24]>200)
    {
        Temperature[0] = Temperature[0]|0x01;
    }
}
```

```
            for(i=0;i<8;i++)
            {
                check_read = check_read<<1;
                if(data_H_buf[i+32]>200)
                {
                    check_read = check_read | 0x01;
                }
            }
            check_add = Humidity[0] + Humidity[1] + Temperature[0] + Temperature[1];
            if((check_add==check_read)&&(buf_count!=0))
            {
                check_bit = 1;
            }
            else
            {
                check_bit = 0;
            }
        }
```

3. 光敏电阻输出接 MCU 的 PF4

设置 ADC3，IN14 为 AD 输入通道，初始化 ADC3 之后，main 函数中添加 AD 采样函数。AD 采样函数如下。

```
temp = a_getADC();           //AD 采集
vol_f = (float)temp;         //AD 采集的数据赋值给浮点数据
vol_f = vol_f*3300/4096;     // 计算电压值
vol = (u16)vol_f;            // 转换成整形数据
```

4. $PM_{2.5}$ 输出接 MCU 的 PA3

设置 ADC1,IN3 为 AD 输入通道，初始化 ADC1，main 函数中添加 AD 采样函数。AD 采样函数如下。

```
ad_dat16 = a_getADC();    //AD 采集
HAL_Delay(9);
count++;
if(count==20)
```

```
    {
        count = 0;
        vol_f = (float)ad_dat16;
        vol_f = vol_f * 3300 /4096;
        vol_u16 = (u16)vol_f;
        PM_f = vol_f / 1000;
        PM_f = PM_f *0.16 – 0.08;
        if(PM_f<0)
        {
            PM_f = 0;
        }
    }
```

5. ZigBee 模块的串口接 PD2 和 PC12

采用 MCU 的串口 5 把数据发送出去。

如果是发送程序，需要设置本地模块的地址，设置代码如下，第三个字节 0×01 就是本地模块的地址，可设置成 0 ~ 255 的任意地址。

u8 set_add_buf[3] = {0xAA，0x55，0x01};

Uart5_send_data(set_add_buf，3); // 发送数据

HAL_Delay(1000);

3.3.4 知识拓展

1. DHT11 通信过程

如图 3-25 所示，总线空闲状态为高电平，主机把总线拉低等待 DHT11 响应，主机把总线拉低时间必须大于 18 ms，保证 DHT11 能检测到起始信号。DHT11 接收到主机的开始信号后，等待主机开始信号结束，然后发送 80 μs 低电平响应信号。主机开始信号结束后，延时等待 20 ~ 40 μs，读取 DHT11 的响应信号。主机发送开始信号后，可以切换到输入模式，或者输出高电平，总线由上拉电阻拉高。

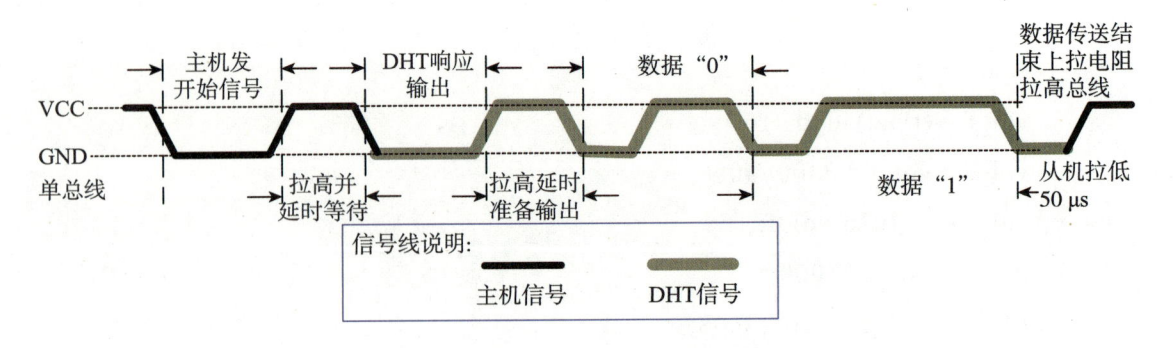

图 3-25　总线为高电平时，DHT11 的通信过程

如图 3-26 所示，总线为低电平，说明 DHT11 开始发送响应信号，DHT11 发送响应信号后，再把总线拉高 80 μs，准备发送数据，每 1 bit 数据都以 50 μs 低电平时隙开始，高电平的长短确定了数据位是 0 还是 1。如果读取响应信号为高电平，DHT11 没有响应，应检查线路是否连接正常。当最后 1 bit 数据传送完毕后，DHT11 拉低总线 50 μs，随后总线由上拉电阻拉高，进入空闲状态。

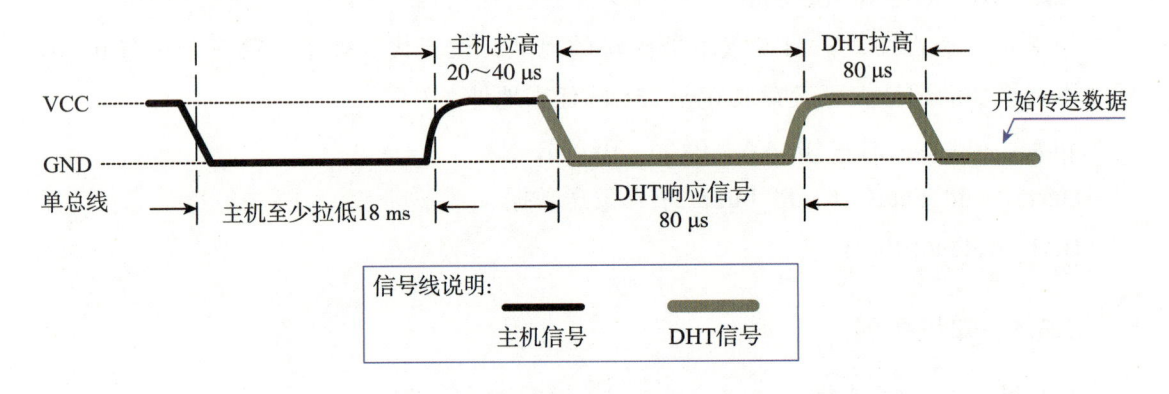

图 3-26　总线为低电平时，DHT11 的通信过程

2. 光敏电阻的工作原理

光敏电阻采样的原理较简单，光敏电阻直接串联一个高精度的基准电阻（1 kΩ），再连接到 5 V 电源，中间输出接入 MCU 的 ADC 采样接口以便进行电压采样，如图 3-27 所示。

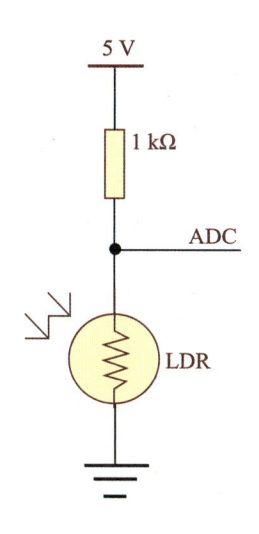

图 3-27 光敏电阻的工作原理示意图

3. 夏普光学灰尘传感器的工作原理

GP2Y1014AU 粉尘传感器是夏普开发的一款光学灰尘监测传感器模块,在其中间有一个大洞,空气可以自由流过,它里面邻角位置放着红外发光二极管和光电晶体管。红外发光二极管定向发送红外线,当空气中有微粒阻碍红外线时,红外线发生漫反射,光电晶体管接收到红外线后,信号输出引脚电压会发生变化。ADC 采集该电压信号,并通过该电压值计算出空气中的灰尘浓度。GP2Y1014AU0F 传感器通常应用于空气净化系统,可测量 0.8 μm 以上的微小粒子,可探测烟雾、花粉、室内外灰尘浓度等。由于体积较小、重量轻、接口简单、便于安装的特点,其被广泛应用于空气净化器、换气空调、换气扇等产品中。如图 3-28 所示。

图 3-28 GP2Y1014AU 粉尘传感器

第 4 章 扩展任务

4.1 任务1：智能垃圾桶

设计一个智能垃圾桶，如图4-1所示，要求能实现以下功能：①红外距离感应自动开盖；②面板触摸按键自动打包；③垃圾袋自动打包封口；④自动放置新垃圾袋。

图4-1 智能垃圾桶

4.1.1 任务要求

1. 红外距离感应自动开盖

在垃圾桶的上盖边上安装一个红外反射式传感器，当有物体靠近时，垃圾桶的小盖自动开启，如图4-2所示。

图 4-2 开盖演示

2. 触摸按键开启打包程序

在垃圾桶正面的上方有一个圆形的触摸按键，触摸按键后，垃圾桶开始执行打包程序。

3. 通过两个滑竿自动打包

在垃圾桶的盖子下面有两个滑竿，分别由两个直流电机驱动。两个滑竿能够沿水平面的 X 方向和 Y 方向水平移动，将垃圾袋收紧，X 轴和 Y 轴是机械联动的，由一个电机控制。在起点和终点各有两个限位开关，如图 4-3 所示。

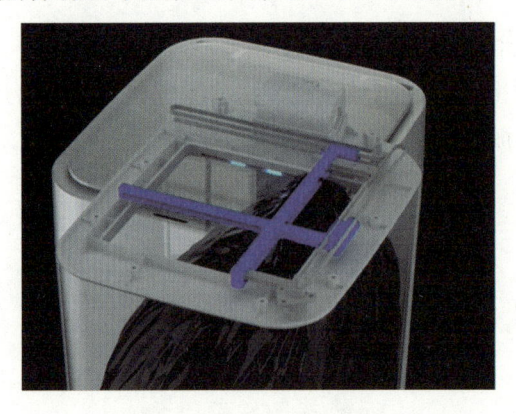

图 4-3 滑竿示意图

4. 电热丝封口

在盖子的下面有一个电热丝，可以将垃圾袋收紧的部分加热，局部熔合，然后再熔断，实现封口并熔断功能，如图 4-4 所示。

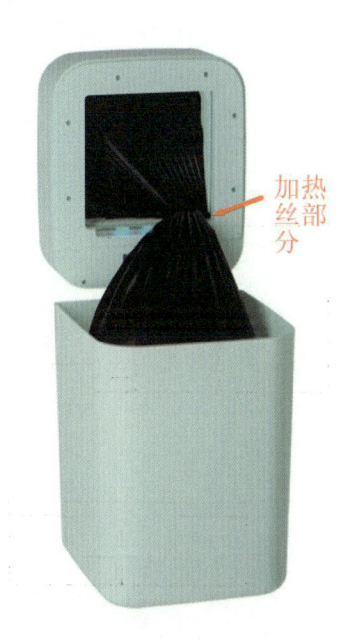

图 4-4　打包

5. 垃圾拿出检测

在垃圾桶的内部有一个红外发射管和一个红外接收管，红外发射管一直发送信号，当封口后的垃圾袋被拿出后，红外接收管就会收到信号，检测到垃圾袋已被拿出。

6. 自动装袋

当打包好的垃圾袋被拿出后，垃圾桶的下面有一个风扇，开始转动，向外吹风，利用负压，新的垃圾袋充满垃圾桶，实现自动装袋功能。

7. 称重功能

垃圾桶的内部添加一个称重传感器，可以实时检测垃圾的重量。

4.1.2　硬件连接

1. 垃圾桶控制板

垃圾桶控制板硬件连接示意图如图 4-5 所示。

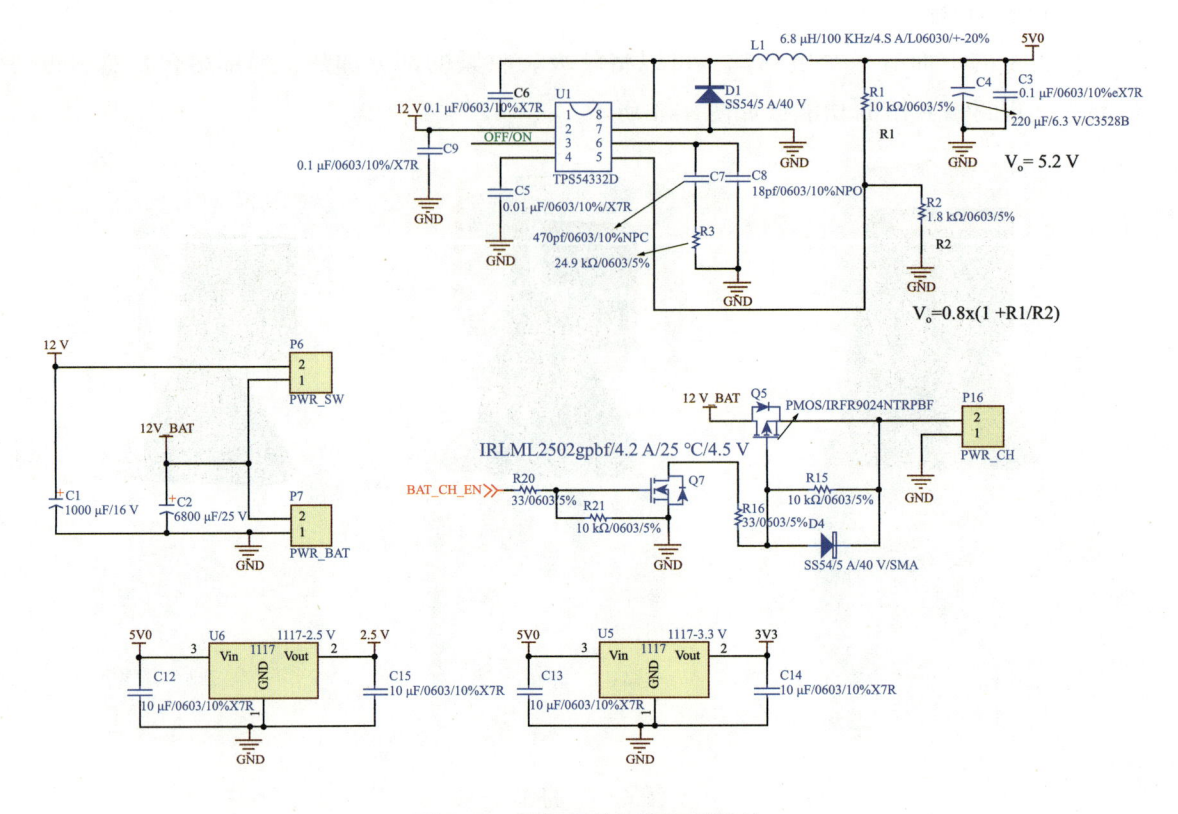

图 4-5　垃圾桶控制板硬件连接

（1）电源部分：外部输入 13.8 V 的充电电源，垃圾桶内部有一个 12 V 的铅酸电池。

（2）P7 与垃圾桶内部的铅酸电池相连，P6 与垃圾桶的电源开关相连。

（3）P16 与充电器相连，Q5 是充电控制 MOS 管。

（4）U1 是开关电源芯片，可将 12 V 转成 5 V，U6 可将 5 V 转成 3.3 V。

2. 电机驱动

电机驱动示意图如图 4-6 所示。

U2 是电机驱动芯片，P8 与大盖电机相连，P10 与小盖电机相连。电机驱动引脚连接如表 4-1 所示。

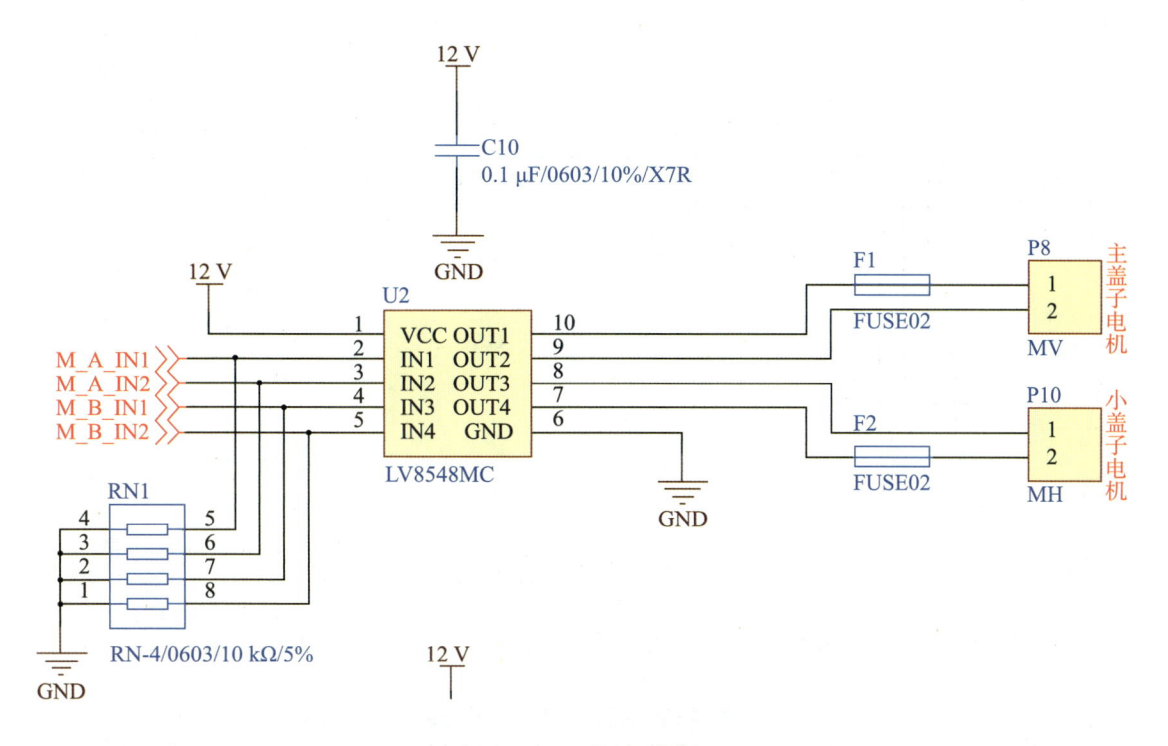

图 4-6　电机驱动示意图

表 4-1　电机驱动引脚连接

原理图标号	单片机端口	备注
M_A_IN1	PE8	推挽输出
M_A_IN2	PD14	推挽输出
M_B_IN1	PE10	推挽输出
M_B_IN2	PD12	推挽输出

3. 行程电机和列程电机

P12 接行程电机，P13 接列程电机，如图 4-7 所示。

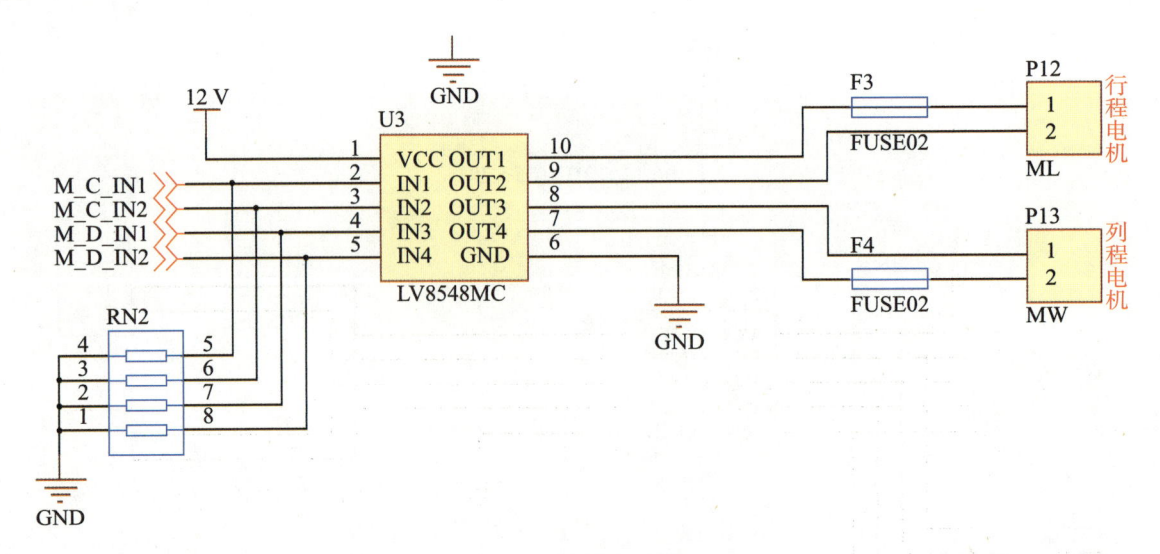

图 4-7 行程电机框图

P12 接 X 杆电机，P13 接 Y 杆电机，行程电机引脚连接如表 4-2 所示。

表 4-2 行程电机引脚连接

原理图标号	单片机端口	备 注
M_C_IN1	PF1	滑竿电机推挽输出
M_C_IN2	PF12	滑竿电机推挽输出
M_D_IN1	PF1	没有用到
M_D_IN2	PB1	没有用到

4. 风扇控制

风扇控制图如图 4-8 所示。

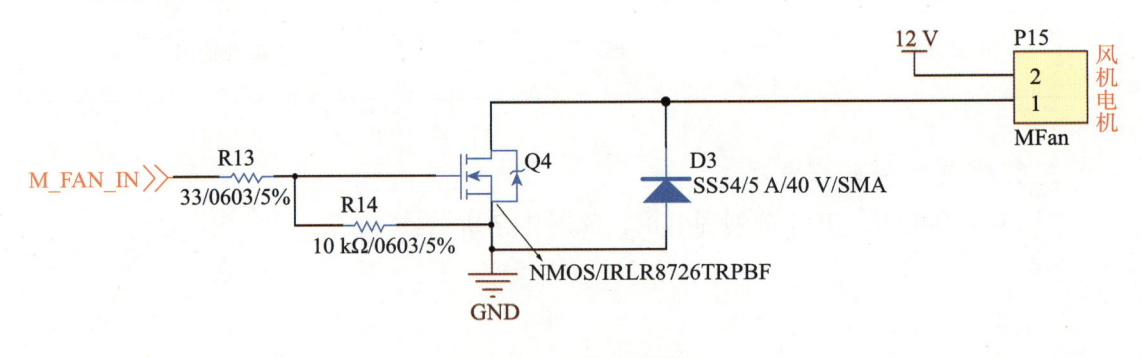

图 4-8 风扇控制图

P15 接风扇电机，风扇引脚连接如表 4-3 所示。

表 4-3 风扇引脚连接

原理图标号	单片机端口	备 注
M_FAN_IN	PD9	推挽输出

5. 蜂鸣器控制

蜂鸣器控制图如图 4-9 所示。

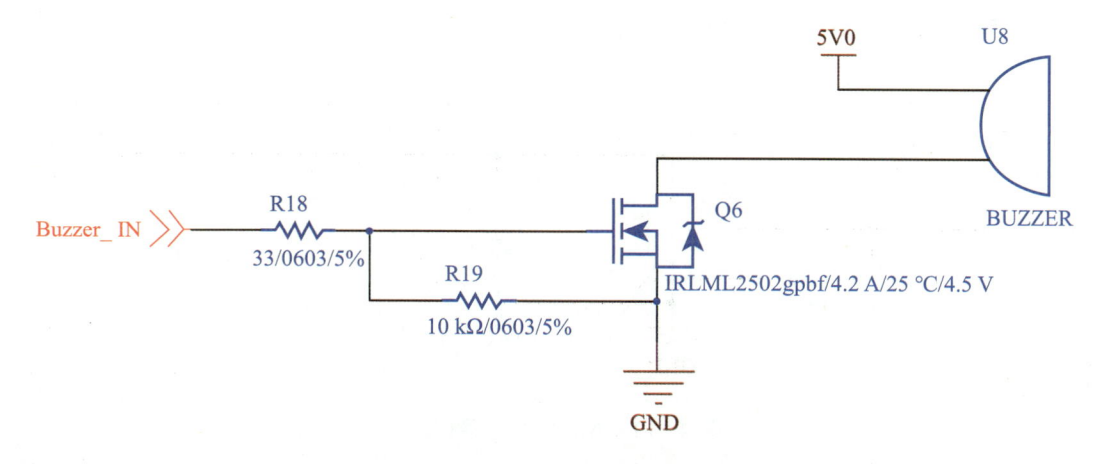

图 4-9 蜂鸣器控制图

U8 是蜂鸣器，蜂鸣器引脚连接如表 4-4 所示。

表 4-4 蜂鸣器引脚连接

原理图标号	单片机端口	备 注
Buzzer_IN	PF13	推挽输出

6. 大盖检测

大盖检测开关图如图 4-10 所示。

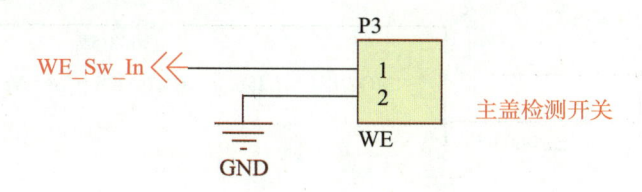

图 4-10 大盖检测开关图

P13 与大盖检测开关相连，用于检测大盖是否开启到位。大盖检测引脚连接如表 4-5 所示。

表 4-5　大盖检测引脚连接

原理图标号	单片机端口	备　注
WE_Sw_In	PD15	上拉输入

7. 垃圾袋打包

垃圾袋打包原理图如图 4-11 所示。

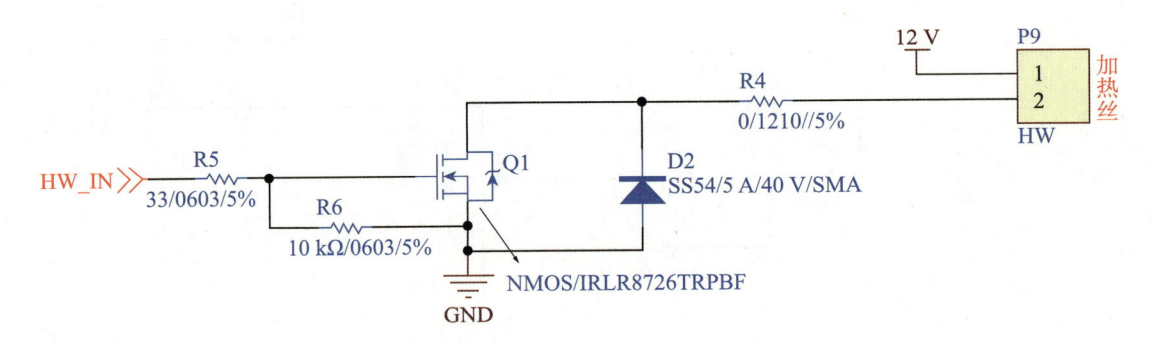

图 4-11　垃圾袋打包原理图

P9 与电热丝相连，垃圾袋打包引脚连接如表 4-6 所示。

表 4-6　垃圾袋打包引脚连接

原理图标号	单片机端口	备　注
HW_IN	PA5	输出 PWM

8. LED 控制

LED 控制图如图 4-12 所示。

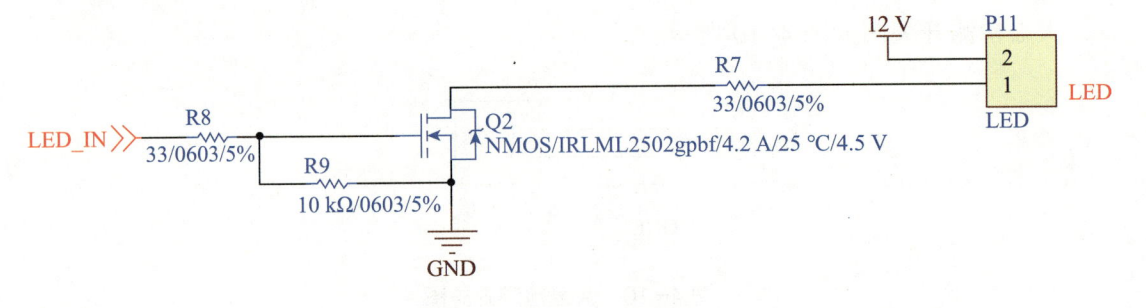

图 4-12　LED 控制图

P11 与垃圾桶内的蓝色 LED 灯相连，通过 PWM 控制，显示呼吸灯效果，LED 引脚连接如表 4-7 所示。

表 4-7　LED 引脚连接

原理图标号	单片机端口	备　注
LED_IN	PA6	输出 PWM

9. 红外控制

红外接收控制图如图 4-13 所示。

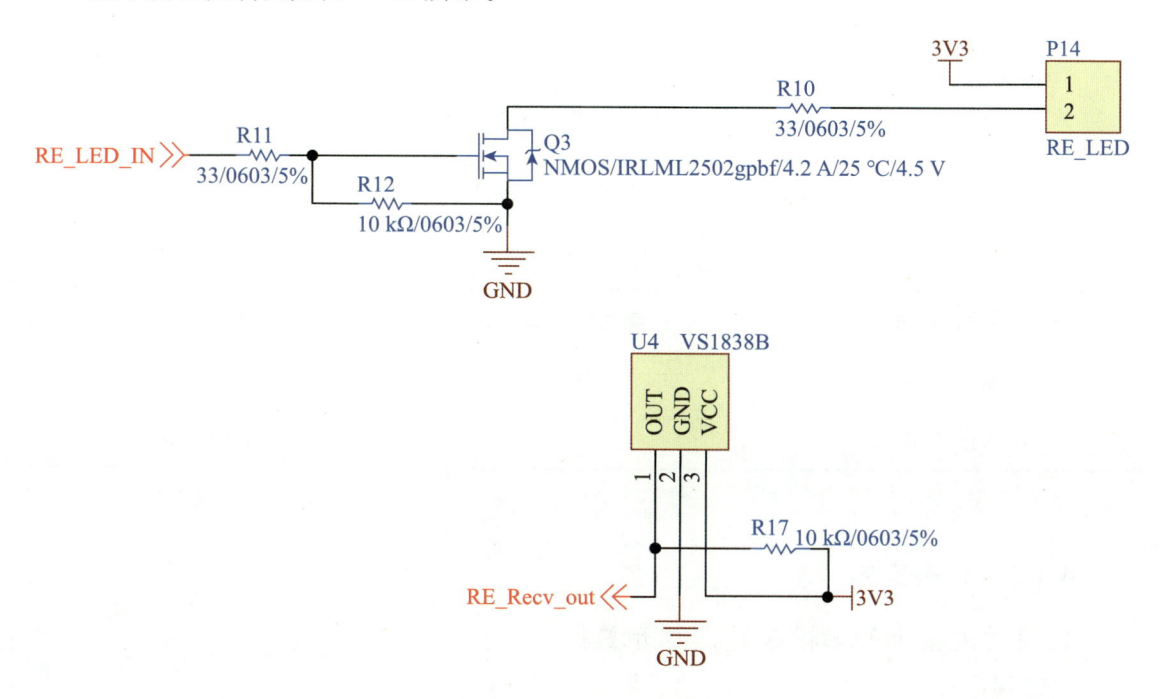

图 4-13　红外接收控制图

P14 与垃圾桶内的红外发射管相连，垃圾桶的底部有一个双股线和插头，它们与控制板上的红外接收管 U4 配合，用于检测垃圾袋是否在桶中。红外接收引脚连接如表 4-8 所示。

表 4-8　红外接收引脚连接

原理图标号	单片机端口	备　注
RE_LED_IN	PE15	输出方波
RE_Recv_out	PA4	上拉输入

145

10. 称重控制

称重控制原理图如图 4-14 所示。

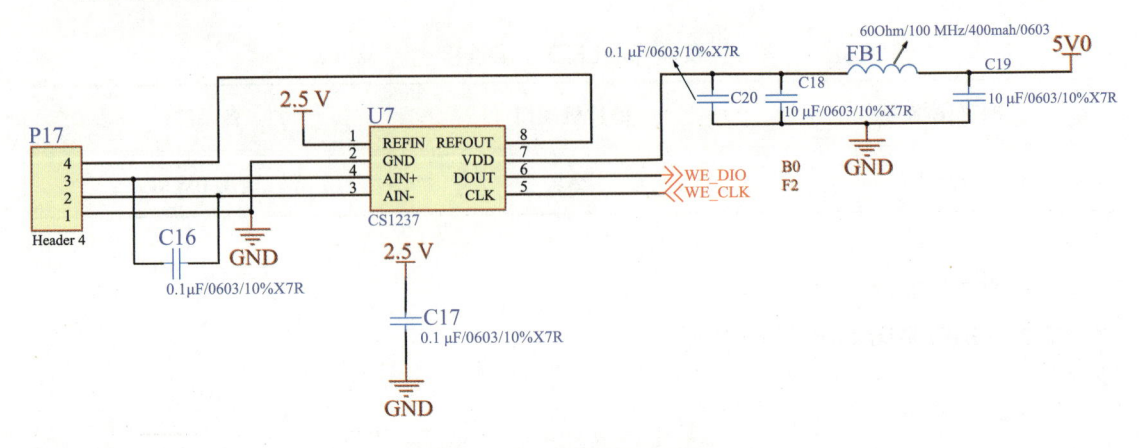

图 4-14 称重控制原理图

P17 与称重传感器连接，称重引脚连接如表 4-9 所示。

表 4-9 称重引脚连接

原理图标号	单片机端口	备注
WE_DIO	PB0	称重数据
WE_CLK	PF2	称重时钟

4.1.3 任务实施

1. 通过大盖上的触摸按键，打开盖板

关键程序如下。

```
void chumo_check(void)
{
    chumo_read = READ_TOUCH;// 读触摸按键 PF14
    if(chumo_read==1)
    {
        LCD_Draw_Rect_Win(0,32,320,16,BACKGROND);
        LCD_ShowString(0,32,"chumo 1",16,TYPEFACE);//LCD 屏幕显示
    }else
    {
```

```
            LCD_Draw_Rect_Win(0,32,320,16,BACKGROND);
            LCD_ShowString(0,32,"chumo 0",16,TYPEFACE);// LCD 屏幕显示
        }
    }
```

2. 通过红外线远程打开盖板

关键程序如下。

```
void hongwai_chack(void)
{
    u8 ok_bit;
    u16 hongwai_chang_count;
    hongwai_read = READ_RE;//PF15 接红外传感器输出
    if(hongwai_read==1)
    {
        hongwai_chang_count = 0;
        ok_bit = 1;
        while(ok_bit)
        {
          hongwai_chang_count++; // 一直不断地检测 count++
          HAL_Delay(100);
          hongwai_read = READ_RE;
          if(hongwai_read==0)
          {
              ok_bit = 0;
          }
          if(hongwai_chang_count>=31)
          {
              ok_bit = 0;
          }
        }
        if(hongwai_chang_count>30)
        {
          hongwai_chang_bit = 1;
```

```
            LCD_ShowString_fun("hongwai_chang");
        }
        else
        {
            hongwai_duan_bit = 1;
            LCD_ShowString_fun("hongwai_duan");
        }
    }
}
if(hongwai_duan_bit)// 红外短
{
    hongwai_duan_bit = 0;

    if((xiaogai_kaiqi_and_guanbi_chufa & 0x01)==0x01)
    {
      if(xiaogai_state==0)// 如果小盖是关的
       {
           Small_open_and_close();
       }
    }
    if((xiaogai_kaiqi_or_guanbi_chufa & 0x01)==0x01)
    {
         Small_open_or_close();
    }
}
```

3. 获取温度和烟雾

关键程序如下。

```
// 获取温度
void wendu_chack(void)
{
    wendu_data = Ds18b20GetTemp(); //AD 转换获取温度值
    LCD_ShowString(0,48,"wendu",16,TYPEFACE);
```

```
        LCD_Draw_Rect_Win(48,48,320,16,BACKGROND);
        LCD_ShowNum(48,48,wendu_data,3,16,TYPEFACE);
}
```
// 获取烟雾
```
void yanwu_chack(void)
{
        yanwu_dat = Get_Adc(8);
        yanwu_dat = Get_Adc(8);
        yanwu_dat = Get_Adc(8);
        yanwu_dat = Get_Adc(8);
        LCD_ShowString(0,64,"yanwu",16,TYPEFACE);
        LCD_Draw_Rect_Win(48,64,100,16,BACKGROND);
        LCD_ShowNum(48,64,yanwu_dat,5,16,TYPEFACE);
}
```

4. 获取电池电压

关键代码如下。

```
void batt_adc_chack(void)
{
        u16 adc_dat;
        float temp;
        adc_dat = Get_Adc(4);
        adc_dat = Get_Adc(4);
        adc_dat = Get_Adc(4);
        adc_dat = Get_Adc(4);
        temp = (float)adc_dat;
        temp = temp * 3300.0f / 4096.0f * 6.1f;
        adc_dat = (u16)temp;
        LCD_ShowString(0,80,"batt",16,TYPEFACE);
        LCD_Draw_Rect_Win(48,80,100,16,BACKGROND);
        LCD_ShowNum(48,80,adc_dat,5,16,TYPEFACE);
}
```

5. 垃圾称重

关键代码如下。

```c
void chengzhong_chack(void)
{
    if(CS1237_ok_bit)
    {
        zhongliang_u32 = CS1237_read();// 读取称重数据
    }
        LCD_ShowString(0,96,"zhong",16,TYPEFACE);
        LCD_Draw_Rect_Win(48,96,100,16,BACKGROND);
        LCD_ShowNum(48,96,zhongliang_u32,10,16,TYPEFACE);
}
// 称重读取函数
u32 CS1237_read(void)
{
    u8 B0_bit;u8 i;
    u32 out_data;
    out_data = 0;
    CLK_L;
    B0_bit = READ_WE_DIO;
    while(B0_bit)
    {
        B0_bit = READ_WE_DIO;
    }
    for(i=0;i<24;i++)
    {
        out_data = out_data<<1;
        CLK_H;
        delay_us(10);// 很重要，不能乱改，改了值会跳
        CLK_L;
        B0_bit = READ_WE_DIO;
        if(B0_bit==1)
```

```
            {
                out_data = out_data | 0x01;
            }
        }
        return out_data;
}
```

6. 打开小盖

关键程序如下。

```
// 开小盖程序
void Small_open_or_close(void)
{
    if(xiaogai_state==0)
    {
        Small_lid_open();
    }
    else
    {
        Small_lid_close();
    }
}
```

7. 开关大盖

关键程序如下。

```
// 大盖打开程序
void big_lid_open(void)
{
    u8 count;
    u8 ok_bit;
    u8 temp;
    u8 error_bit = 0;
    zhendong_up_save = zhendong_up_bit;
    ok_bit = 1;
    count = 0;
```

```c
M_A_IN1_L;// 大盖抬起
M_A_IN2_H;// 大盖抬起
M_B_IN1_H;// 小盖锁死，不然小盖会下落
M_B_IN2_H;// 小盖锁死，不然小盖会下落
while(ok_bit)
  {
      temp = WE_SW_Input;
      if(temp==0)// 判断大盖的限位开关状态
      {
          ok_bit = 0;
          LCD_ShowString_fun("xian wei--ok");
      }
      else
      {
          HAL_Delay(100);
          count++;
          if(count>=30)
          {
              LCD_ShowString_fun("xian wei --ERROR");
              ok_bit = 0;
              error_bit = 1;
          }
      }
  }
M_A_IN1_H;// 大盖锁定一会儿
M_A_IN2_H;// 大盖
HAL_Delay(1000);
M_A_IN1_L;// 大盖释放
M_A_IN2_L;// 大盖
if(error_bit)
{
    bell_fun(3);
```

```c
    }
    HAL_Delay(500);
    zhendong_bit = 0;
    zhendong_up_bit = zhendong_up_save;
    dagai_state = 1;
}
// 大盖关闭程序
void big_lid_close(void)
{
    u8 temp;
    zhendong_up_save = zhendong_up_bit;
    M_B_IN1_H;// 小盖锁死，不然小盖会下落
    M_B_IN2_H;// 小盖锁死，不然小盖会下落
    temp = WE_SW_Input;// 读取大盖限位开关
    if(temp==0)// 如果大盖是开着的，执行关大盖动作
    {
        M_A_IN1_H;           // 大盖下落
        M_A_IN2_L;
        HAL_Delay(600);      // 关大盖上电时间
        M_A_IN1_H;           // 大盖刹车
        M_A_IN2_H;
        HAL_Delay(2000);     // 关大盖刹车时间
        M_A_IN1_L;           // 大盖释放
        M_A_IN2_L;
    }
    else
    {
        LCD_ShowString_fun("big_lid_closed");
    }
    M_B_IN1_L;//
    M_B_IN2_L;// 释放小盖
    HAL_Delay(500);
```

```c
        zhendong_bit = 0;
        zhendong_up_bit = zhendong_up_save;
        dagai_state = 0;
}
```

8. 垃圾袋打包

关键程序如下。

```c
// 垃圾袋打包，不开大盖
void pack_fun(void)
{
    u8 ok_bit;
    u8 count;
    u8 error_bit = 0;

    zhendong_up_save = zhendong_up_bit;
    // 行程电机收缩
    M_C_IN1_H;
    M_C_IN2_L;
    ok_bit = 1;
    count = 0;
    while(ok_bit)
    {
        if(HS_SW_IN==0)// 读取收袋结束限位开关，0 是到位，1 是没有到位
        {
            ok_bit = 0;
            LCD_ShowString_fun("HS---OK");
        }
        else
        {
            HAL_Delay(100);
            count++;
            if(count>=50)
            {
```

```c
            ok_bit = 0;
            LCD_ShowString_fun("HS---ERROR");
            error_bit = 1;
        }
    }
}
// 电热丝加热封口
HW_Ctrl_Duty(150, 1000);// 电热丝 150 占空比，1500 ms
// 电热丝加热熔断袋子
HW_Ctrl_Duty(190, 1500);// 电热丝 180 占空比，700 ms
// 收袋电机归位
M_C_IN1_L;
M_C_IN2_H;

ok_bit = 1;
count = 0;
while(ok_bit)
{
    if(HE_SW_IN==0)
    {
        M_C_IN1_L;
        M_C_IN2_L;
        ok_bit = 0;
        LCD_ShowString_fun("HE---OK");
    }
    else
    {
        HAL_Delay(100);
        count++;
        if(count>=50)
        {
            M_C_IN1_L;
```

```c
                    M_C_IN2_L;
                    ok_bit = 0;
                    LCD_ShowString_fun("HE---ERROR");
                    error_bit = 1;
                }
            }
        }
        if(error_bit)
        {
            bell_fun(3);
        }

        HAL_Delay(500);
        zhendong_bit = 0;
        zhendong_up_bit = zhendong_up_save;
    }

// 电热丝加热, duty 是 PWM 占空比, time_ms 是时间
void HW_Ctrl_Duty(u16 duty, u16 time_ms)
{
    if((duty<1000) && (time_ms<3000))
    {
        TIM2->CCR1 = duty;//PWM
        HAL_Delay(time_ms);
        TIM2->CCR1 = 0;
    }
    else
    {
        TIM2->CCR1 = 0;
    }
}
void Fan_fun(void)
```

```
{
    FAN_IN_H;
    HAL_Delay(1000);
    FAN_IN_L;
}
```

4.1.4 思考题

如何让垃圾桶在检测到人体靠近后再开盖，并自动打包垃圾。

4.2 任务2：智能小车

北京杰创永恒科技有限公司推出的移动机器人是一款磁导航小车（图4-15），其是基于自动导航原理设计的，可对磁传感器检测到的数据信息进行计算分析，从而控制电机输出，同时可根据反馈判断其运行轨迹与预先编程设定的轨迹之间的位置偏差。小车采用PID闭环控制，不断根据位置偏差信号调整电机转速，对系统进行实时控制，沿预先编程设定的轨迹稳定行走。

图4-15 小车及机械臂的实物图

4.2.1 任务要求

首先，通过编程设定物块夹取位置、搬运线路、放置位置。其次，控制系统根据搬运线路自动控制小车的行驶方向。小车到达货物放置位置并准确停靠后，控制机械臂和夹爪，完成物块夹取。再次，小车在AI智能识别单元的控制下驶向目标智能回收桶，准确停靠后，控制智能回收桶 LED 灯点亮、开盖待物块被放入后控制智能回收桶关盖。最后，小车继续行驶到充电站，开始充电，完成充电后，驶向停车区域，等待响应无线指令进行下一次搬运。小车在循迹行进的同时会检测前方有无障碍物，遇到障碍物后小车停止并进行语音提示，直到障碍物被移开才继续循迹运行。

4.2.2 小车构成

小车主要由机械结构、检测系统、通信系统、控制系统和动力系统五大部分组成。机械结构包含车体、车轮、平衡装置、机械臂这四个部分。

车体主要由底座、中间体和上盖三个部分组成（图 4-16）。底座包含主体和减震部件这两部分，两者均使用金属材料加工而成。中间体采用折弯工艺加工而成，保证了车体的稳定性和牢固性。为了减少小车的自重、增加电池运行时间等，上盖使用树脂材料加工而成。三个部分通过螺柱固定，有利于电气部分连接。

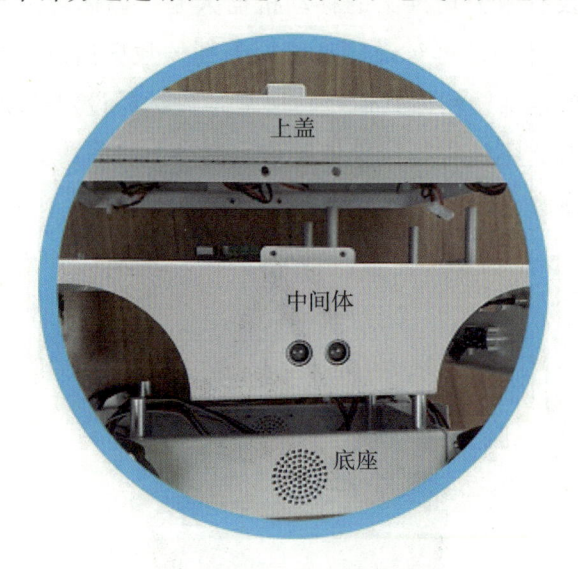

图 4-16 小车车体结构图

4.2.3 任务实施

1. 检测系统设计

检测系统由磁检测传感器、超声波传感器、陀螺仪、电量检测单元电路、编码器检测电路构成。磁检测传感器是小车自动导航的关键传感器，安装在车前下方，结构紧凑且使用简单，导航范围宽，精度和灵敏度高，抗干扰性好。

根据设备系统要求，设计小车磁导航系统的运行路径、导航标志线和拐角弯道导航线，采用铺设磁条的方式完成。使用宽 10 mm、厚 2 mm 的磁性胶质材料铺设。

超声波传感器可检测小车运行前方的障碍物，从而使小车顺利避开障碍物。当超声波传感器感知在小车规划路线上存在静态或动态障碍物时，可通过一定的算法实时更新小车行进路径，使其绕过障碍物，最后达到目标点。

（1）小车车速控制，代码如下。

```
// 向小车发送速度命令，控制4个轮子的速度
//M_AL: 前左 , M_AR: 前右 , M_BL: 后左 ,M_BR: 后右
// 取值范围：-500 ～ 500,0 为停止
// 协议总共 12 字节
//55 AA 12 00 1L 1H 2L 2H 3L 3H 4L 4H
void Motor_ctrl(int M_AL, int M_AR, int M_BL, int M_BR)
{
    int i;
    u8 lib_uart_send[12];
    if((M_AL > 500) || (M_AL < -500))
    {
        return;
    }
    if((M_AR > 500) || (M_AR < -500))
    {
        return;
    }
    if((M_BL > 500) || (M_BL < -500))
    {
        return;
    }
    if((M_BR > 500) || (M_BR < -500))
    {
        return;
    }
    lib_uart_send[0] = 0x55;
    lib_uart_send[1] = 0xAA;
    lib_uart_send[2] = 12;//len
```

```
            lib_uart_send[3] = 0x00;//cmd
            i = 500 + M_AR;//
            lib_uart_send[4] = i & 0xff;
            lib_uart_send[5] = (i & 0xff00) >> 8;
            i = 500 + M_BR;//
            lib_uart_send[6] = i & 0xff;
            lib_uart_send[7] = (i & 0xff00) >> 8;
            i = 500 + M_BL;
            lib_uart_send[8] = i & 0xff;
            lib_uart_send[9] = (i & 0xff00) >> 8;
            i = 500 + M_AL;//
            lib_uart_send[10] = i & 0xff;
            lib_uart_send[11] = (i & 0xff00) >> 8;
              car_send_buf_fun(lib_uart_send,12);
}
```

（2）小车寻迹控制，代码如下。

```
// 寻迹功能，根据磁条位置调整4个轮子的速度
void car_tracing_fun(void)
{
   agv_data_new = HEX_mag_test_fun();// 读磁条
   if((agv_data_new<8)&&(agv_data_new>-8)&&(agv_data_new!=agv_data_old))
     {
        switch(agv_data_new)
         {
            case 0:
               Motor_ctrl(SPEED_DEF,SPEED_DEF,SPEED_DEF,SPEED_DEF);
               break;
            case 1:
               Motor_ctrl(SPEED_DEF+8,SPEED_DEF-8,SPEED_DEF+8,SPEED_DEF-8);//2
               break;
            case 2:
```

```
                Motor_ctrl(SPEED_DEF+8,SPEED_DEF-8,SPEED_DEF+8,SPEED_DEF-8);//4
                break;
            case 3:
                Motor_ctrl(SPEED_DEF+8,SPEED_DEF-8,SPEED_DEF+8,SPEED_DEF-8);//6
                break;
            case 4:
                Motor_ctrl(SPEED_DEF+8,SPEED_DEF-8,SPEED_DEF+8,SPEED_DEF-8);//8
                break;
            case 5:
                Motor_ctrl(SPEED_DEF+10,SPEED_DEF-10,SPEED_DEF+10,SPEED_DEF-10);//10
                break;
            case 6:
                Motor_ctrl(SPEED_DEF+12,SPEED_DEF-12,SPEED_DEF+12,SPEED_DEF-12);//12
                break;
            case 7:
                Motor_ctrl(SPEED_DEF+14,SPEED_DEF-14,SPEED_DEF+14,SPEED_DEF-14);//14
                break;
            case -1:
                Motor_ctrl(SPEED_DEF-8,SPEED_DEF+8,SPEED_DEF-8,SPEED_DEF+8);//2
                break;
            case -2:
                Motor_ctrl(SPEED_DEF-8,SPEED_DEF+8,SPEED_DEF-8,SPEED_DEF+8);//4
                break;
            case -3:
```

```
                Motor_ctrl(SPEED_DEF-8,SPEED_DEF+8,SPEED_DEF-8,
SPEED_DEF+6);//6
                break;
            case -4:
                Motor_ctrl(SPEED_DEF-8,SPEED_DEF+8,SPEED_DEF-8,
SPEED_DEF+8);//8
                break;
            case -5:
                Motor_ctrl(SPEED_DEF-10,SPEED_DEF+10,SPEED_DEF-10,
SPEED_DEF+10);//10
                break;
            case -6:
                Motor_ctrl(SPEED_DEF-12,SPEED_DEF+12,SPEED_DEF-12,
SPEED_DEF+12);//12
                break;
            case -7:
                Motor_ctrl(SPEED_DEF-14,SPEED_DEF+14,SPEED_DEF-14,
SPEED_DEF+14);//14
                break;
        }
    }
        agv_data_old = agv_data_new;// 将这次的值给 agv_data_old
}
```

（3）小车控制，代码如下。

```
// 小车走到十字路口，左转或右转，碰到磁条后，停止
void car_run_cross_and_stop_fun(void)
{
    Motor_ctrl(SPEED_DEF,SPEED_DEF,SPEED_DEF,SPEED_DEF);// 下发 4 个轮子的速度命令
    HAL_Delay(50);
    while(1)// 进入循环
    {
```

```
            car_tracing_fun();
            HAL_Delay(5);
            if(agv_data_new==200)// 没有磁条
            {
                break;
            }
            else if((agv_data_new==100)||(agv_data_new==50)||(agv_data_new==-50))
            {
                break;
            }
        }
        bell_fun();
    Motor_ctrl(0,0,0,0);// 停止
}
```

（4）小车寻迹向前走，代码如下。

```
// 小车寻迹向前走
void run_xunji_fun(u32 time)
{
    u32 delay_count = 0;
    Motor_ctrl(SPEED_DEF,SPEED_DEF,SPEED_DEF,SPEED_DEF);// 下发4个轮子的速度命令
    HAL_Delay(100);
    while(1)// 进入循环
    {
        car_tracing_fun();
        HAL_Delay(10);
        delay_count++;
        if(delay_count>=(time/10))
        {
            break;
        }
```

```
            Motor_ctrl(0,0,0,0);
}
```

（5）小车左转，代码如下。

```
// 小车原地左转 90°
void car_turn_left_fun(void)
{
    u8 ok_bit;
    ok_bit = 1;
    Motor_ctrl(-SPEED_DEF,SPEED_DEF,-SPEED_DEF,SPEED_DEF);// 下发4个轮子的速度命令
    HAL_Delay(200);// 防止一开始就读到磁条停止
    while(ok_bit)// 进入循环
    {
        agv_data_new = HEX_mag_test_fun();// 读磁条
        if((agv_data_new==0)||(agv_data_new==-1)||(agv_data_new==-2)||(agv_data_new==-3))
        {
            ok_bit = 0;// 退出循环
            bell_fun();
        }
    }
    Motor_ctrl(0,0,0,0);// 停止
}
```

（6）小车右转，代码如下。

```
// 小车原地右转 90°
void car_turn_right_fun(void)
{
    u8 ok_bit;
    ok_bit = 1;
    Motor_ctrl(SPEED_DEF,-SPEED_DEF,SPEED_DEF,-SPEED_DEF);// 下发4个轮子的速度命令
```

```
        HAL_Delay(500);// 防止一开始就读到磁条停止
        while(ok_bit)// 进入循环
        {
            agv_data_new = HEX_mag_test_fun();// 读磁条
            if((agv_data_new==0)||(agv_data_new==1)||(agv_data_new==2)||(agv_data_new==3))
            {
                ok_bit = 0;// 退出循环
                bell_fun();
            }
        }
        Motor_ctrl(0,0,0,0);// 停止
    }
```

（7）小车左右横移，代码如下。

```
/ 小车向左横移
void car_move_left_fun(u16 time_ms)
{
    // 开始走
    /Motor_ctrl(SPEED_DEF,-SPEED_DEF,-SPEED_DEF,+SPEED_DEF);// 发送 4 个轮子的速度命令
    /HAL_Delay(time_ms);
    /Motor_ctrl(0,0,0,0);
}
// 小车向右横移
void car_move_right_fun(u16 time_ms)
{
    /// 开始走
    /Motor_ctrl(-SPEED_DEF,SPEED_DEF,SPEED_DEF,-SPEED_DEF);// 发送4个轮子的速度命令
    /HAL_Delay(time_ms);
    /Motor_ctrl(0,0,0,0);// 停止
}
```

2. 通信系统设计

小车内部系统采用串口通信进行数据交互。如果要对外部设备进行控制时，可通过无线通信方式实现。在整个智能硬件多应用场景实训平台——智能回收系统中，以小车为主控制设备的无线通信网络能灵活实现对 AI 智能识别单元、自动分拣系统、集中通信控制单元等的通信控制。

无线数据解析函数如下。

```
void wl433_explan_fun(void)// 无线数据解析
{
    if((uart2_race_buf[0]==0x5A)&&(uart2_race_buf[1]==0xA5))
    {
        if(uart2_race_buf[2]==0x05)// 判断是小车的 ID
        {
            if(uart2_race_buf[4]==0xff)// 无线测试
            {
                LCD_ShowString_fun("race_433_test");
                uart2_wl433_send_test_back_fun();// 发送无线测试的返回命令
            }
            else
            {
                // 运送的命令
                tuopan_mun = uart2_race_buf[4];// 保存托盘编号
                lajitong_mun = uart2_race_buf[5];// 保存垃圾桶编号
                LCD_ShowString_fun("race_433_cmd");
                LCD_ShowString_fun("tuopan:");
                LCD_print_mun_fun(tuopan_mun);
                LCD_ShowString_fun("lajitong:");
                LCD_print_mun_fun(lajitong_mun);
                // 小车开始执行
                car_run_all(tuopan_mun,lajitong_mun);
            }
        }
    }
}
```

```
        uart2_race_buf_init();// 接收全部清零
}
```

3. 机械臂系统

（1）控制机械爪，代码如下。

```
// 控制夹爪舵机   //100 是夹，30 是松开
void arm_send_pwm(u8 pwm_dat)
{
  u8 crc;
  u8 i;
  uart4_race_ram_init();
  arm_send_buf[0] = 0x5A;
  arm_send_buf[1] = 0xA5;
  arm_send_buf[2] = 0x01;
  arm_send_buf[3] = 0x07;
  arm_send_buf[4] = pwm_dat;
  crc = 0;
  for(i=2;i<5;i++)
  {
     crc = crc + arm_send_buf[i];
  }
  arm_send_buf[5] = crc;
  Uart4_send_data(arm_send_buf,6);

  HAL_Delay(1000);
  if(uart4_race_over_bit)
  {
     if((uart4_race_buf[0]==0x5A)&&(uart4_race_buf[1]==0xA5)&&(uart4_race_buf[2] ==0x01)&&(uart4_race_buf[3]==0x07))
     {
        LCD_ShowString_fun("arm_set_ok");
     }
     else
```

```
            {
                LCD_ShowString_fun("arm_set_error");
            }
        }
        else
        {
            LCD_ShowString_fun("no_race");
        }
    }
```

（2）根据摄像头的数据调整机械臂的位置，代码如下。

```
void find_grab_fast_fun(void)
{
    u8 camera_dat;
    long move_dat;
    camera_dat = camera_race_data_fun();//1:OK  2:NO  3:ERROR
    if(camera_dat==1)
    {
        LCD_print_mun_fun(x_y_w_h_buf[0]);
        LCD_print_mun_fun(x_y_w_h_buf[1]);
        LCD_print_mun_fun(x_y_w_h_buf[2]);
        LCD_print_mun_fun(x_y_w_h_buf[3]);

        if(x_y_w_h_buf[2]>30)// 物块的最小体积，如果比该体积还小就代表没有物块
        {
            move_dat = x_y_w_h_buf[0];
            move_dat = move_dat −160;
            move_dat = move_dat / 7;
            arm_y_dat = arm_y_dat − move_dat;
            arm_send_coordinate_fun(arm_x_dat,arm_y_dat,arm_z_dat);
        }
        else
```

```c
            {
                LCD_ShowString_fun("no_wukuai");
            }
        }
        else
        {
            LCD_ShowString_fun("cam_error");
        }
        LCD_ShowString_fun("x_ok");
        camera_dat = camera_race_data_fun();//1:OK  2:NO   3:ERROR
        if(camera_dat==1)
        {
            if(x_y_w_h_buf[2]>50)// 物块的最小体积，如果比该体积还小就代表没有物块
            {
                move_dat = x_y_w_h_buf[1];
                move_dat = move_dat – 120;
                move_dat = move_dat / 6;
                arm_z_dat = arm_z_dat + move_dat;
                arm_send_coordinate_fun(arm_x_dat,arm_y_dat,arm_z_dat);
            }
            else
            {
                LCD_ShowString_fun("no_wukuai");
            }
        }
        LCD_ShowString_fun("y_ok");
        camera_dat = camera_race_data_fun();//1:OK  2:NO   3:ERROR
        if(camera_dat==1)
        {
            if(x_y_w_h_buf[2]>50)// 物块的最小体积，如果比该体积还小就代表没有物块
```

```
            {
                move_dat = x_y_w_h_buf[2];//3
                move_dat = get_x_move_dat_fun(move_dat);
                arm_x_dat = arm_x_dat + move_dat;
                arm_send_coordinate_fun(arm_x_dat,arm_y_dat,arm_z_dat);
            }
            else
            {
                LCD_ShowString_fun("no_wukuai");
            }
        }
        LCD_ShowString_fun("z_ok");
}
```

（3）摄像头和机械臂配合寻找物块，代码如下。

```
void find_all(void)
{
    u8 ok_bit;
    u8 camera_dat;
    u8 count;
    ok_bit = 1;
    while(ok_bit)
    {
        camera_dat = camera_race_data_fun();// 利用摄像头查询物块坐标
        if(camera_dat==1)
        {
            if((x_y_w_h_buf[0]>150)&&(x_y_w_h_buf[0]<170)&&(x_y_w_h_buf[1]>110)&&(x_y_w_h_buf[1]<130)&&(x_y_w_h_buf[2]>105))
            {
                ok_bit = 0;
            }
            else
            {
```

```
            find_grab_fast_fun();
         }
      }
      count++;
      if(count>=10)// 调整 10 次还没有满足要求
      {
         ok_bit = 0;
      }
    }
  }
}
```

（4）摄像头对准物块后，机械臂向下方移动执行抓取动作，代码如下。

```
void get_grab_fun(void)
{
    arm_z_dat = arm_z_dat – 30;
    arm_send_coordinate_fun(arm_x_dat,arm_y_dat,arm_z_dat);
    HAL_Delay(500);
    arm_send_pwm(100);
    HAL_Delay(1000);
    arm_z_dat = arm_z_dat + 50;
    arm_send_coordinate_fun(arm_x_dat,arm_y_dat,arm_z_dat);
    HAL_Delay(500);
}
```

（5）实现机械臂抓取物块全部动作的代码如下。

```
void arm_get_Block_all(void)
{
     arm_goto_grab_fun();// 机械臂右转 90°
     HAL_Delay(3000);
     find_all();// 使用摄像头对准物块
     HAL_Delay(1000);
     get_grab_fun();// 向下夹取
     HAL_Delay(1000);
```

```c
        arm_back_to_init();// 回到初始位置
        HAL_Delay(5000);
}
```

（6）实现机械臂将物块扔入垃圾桶全部动作的代码如下。

```c
void arm_lose_block_all(void)
{
        arm_goto_grab_fun();// 机械臂右转 90°
        HAL_Delay(5000);
        arm_send_pwm(30);// 松开夹子
        arm_back_to_init();// 回到初始位置
        HAL_Delay(5000);
}
```

（7）摄像头寻找物块比较慢，但是精准。摄像头寻找物块的代码如下。

```c
void find_grab_fun(void)
{
        u8 camera_dat;
        u8 ok_bit;
        ok_bit = 1;
        while(ok_bit)
        {
                camera_dat = camera_race_data_fun();//1:OK  2:NO   3:ERROR
                if(camera_dat==1)
                {
                        if(x_y_w_h_buf[0]>165)
                        {
                                arm_y_dat--;
                                arm_send_coordinate_fun(arm_x_dat,arm_y_dat,arm_z_dat);
                        }
                        else if(x_y_w_h_buf[0]<155)
                        {
                                arm_y_dat++;
                                arm_send_coordinate_fun(arm_x_dat,arm_y_dat,arm_z_dat);
```

```c
            }
            else
            {
                ok_bit = 0;
                LCD_ShowString_fun("x_ok");
            }
        }
        else
        {
            ok_bit = 0;
            LCD_ShowString_fun("cam_error");
        }
    }
    ok_bit = 1;
    while(ok_bit)
    {
        camera_dat = camera_race_data_fun();//1:OK  2:NO   3:ERROR
        if(camera_dat==1)
        {
            if(x_y_w_h_buf[1]>125)
            {
                arm_z_dat++;
                arm_send_coordinate_fun(arm_x_dat,arm_y_dat,arm_z_dat);
            }
            else if(x_y_w_h_buf[1]<115)
            {
                arm_z_dat--;
                arm_send_coordinate_fun(arm_x_dat,arm_y_dat,arm_z_dat);
            }
            else
            {
                ok_bit = 0;
```

```c
                    LCD_ShowString_fun("y_ok");
                    camera_dat = camera_race_data_fun();//1:OK  2:NO  3:ERROR
                }
            }
            else
            {
                ok_bit = 0;
                LCD_ShowString_fun("cam_error");
            }
        }
        ok_bit = 1;
        while(ok_bit)
        {
            camera_dat = camera_race_data_fun();//1:OK  2:NO   3:ERROR
            if(camera_dat==1)
            {
                if(x_y_w_h_buf[3]<125)
                {
                    arm_x_dat = arm_x_dat + 2;
                    arm_send_coordinate_fun(arm_x_dat,arm_y_dat,arm_z_dat);
                }
                else
                {
                    ok_bit = 0;
                    LCD_ShowString_fun("z_ok");
                    camera_dat = camera_race_data_fun();//1:OK   2:NO   3:ERROR
                }
            }
            else
            {
```

```
                ok_bit = 0;
                LCD_ShowString_fun（"cam_error"）;
            }
        }
}
```

4.2.4 思考题

编写程序，让智能小车完成整个操作流程。

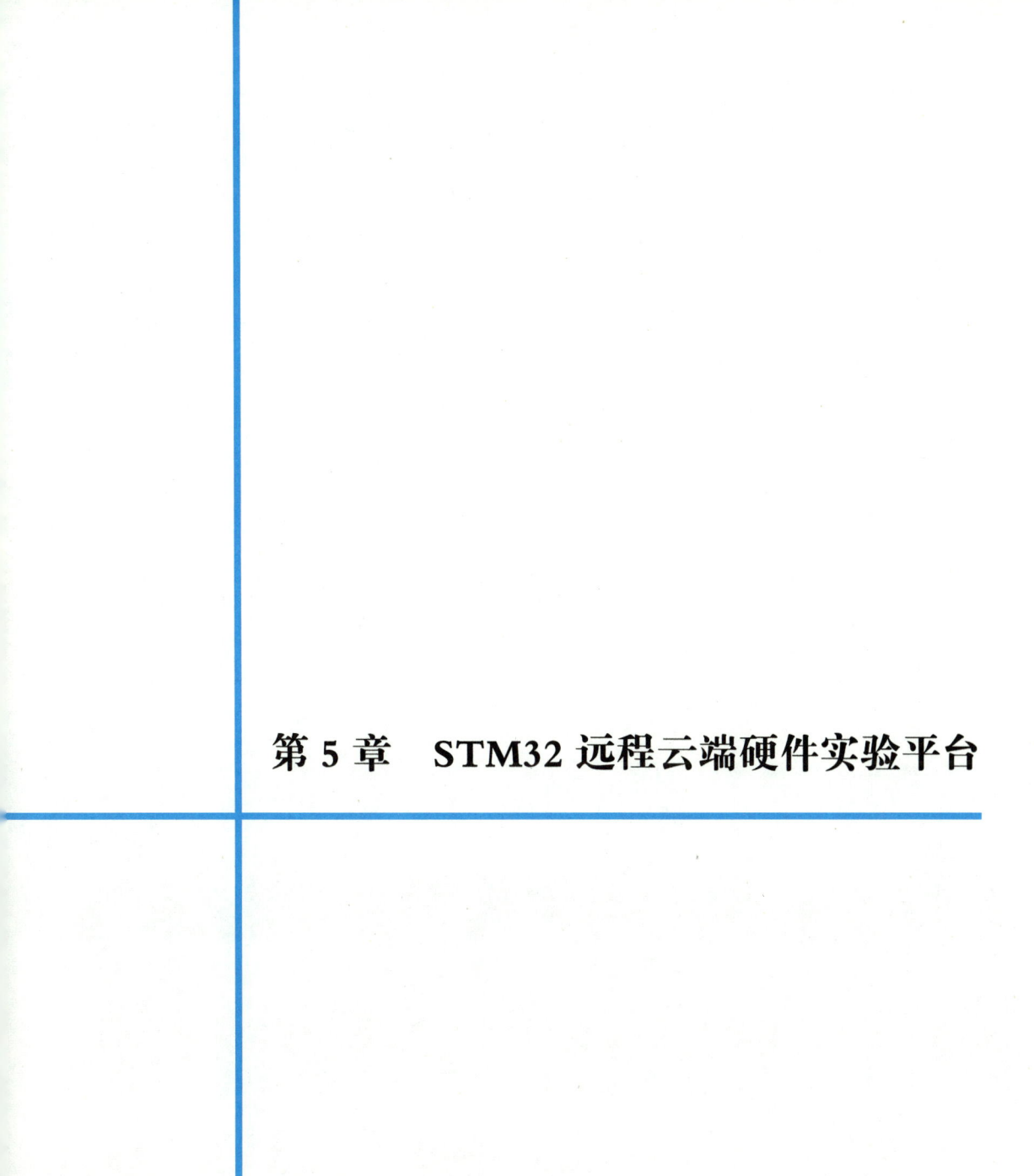

第 5 章　STM32 远程云端硬件实验平台

第 5 章　STM32 远程云端硬件实验平台

5.1　STM32 远程云端硬件实验平台介绍

STM32 远程云端硬件实验平台是一个虚实一体的实验系统，采用 B/S 架构，既兼顾了传统单片机 ARM 实验系统的特征（连线），又结合了大数据、云计算技术，是一个可远程操作硬件的实验平台。

5.1.1　用户登录

可通过浏览器打开 STM32 远程云端硬件实验平台，推荐使用谷歌浏览器进行硬件板卡验证（网址：http://localhost:8088/MCUExpV2/login），如图 5-1 所示。

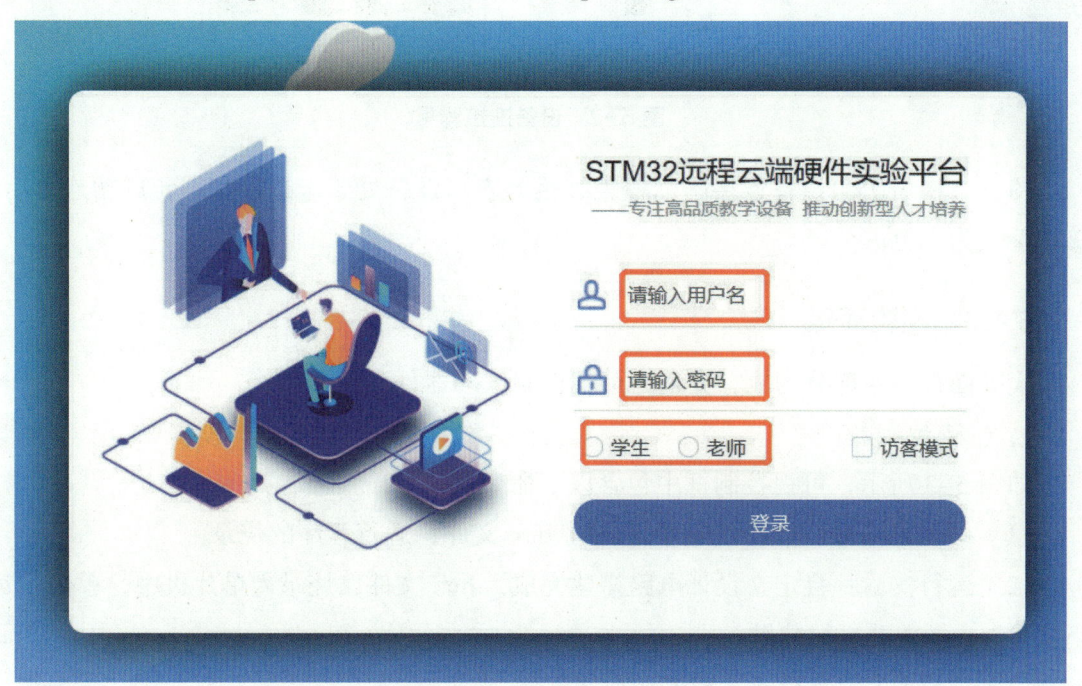

图 5-1　用户登录界面

输入用户名、密码（需要北京杰创永恒科技有限公司的工作人员提供），选择登录角色，点击登录。

179

以下是本书使用的登录信息。

用户名：student。

密码：123456。

角色：学生。

5.1.2 连接设备

登录成功后，需要注意板卡设备是否连接正常，如图 5-2 所示。

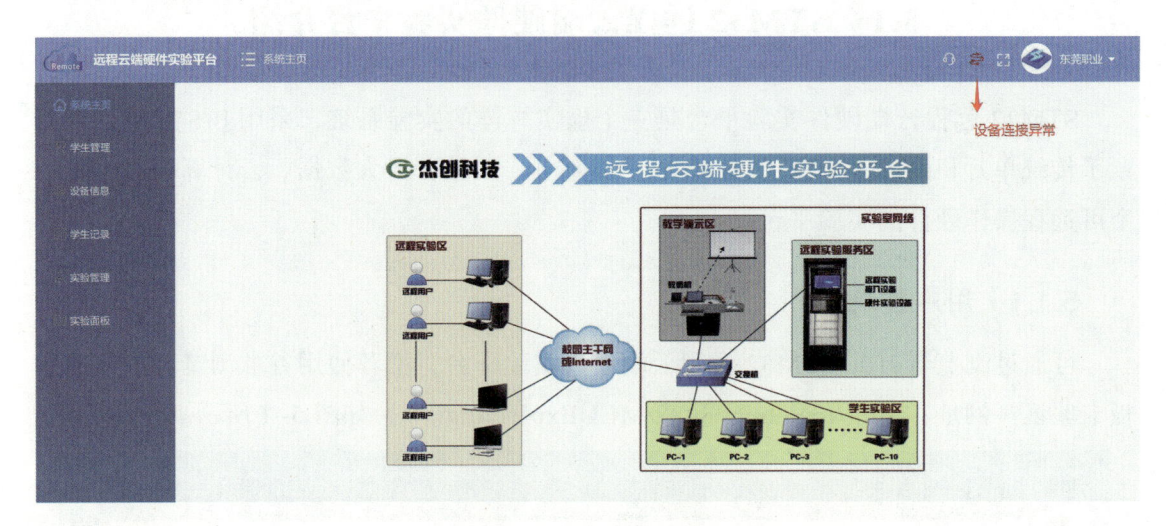

图 5-2 设备连接异常

图 5-2 中右上角设备连接图标 为红色，表示设备处于未连接状态，成功连接后，该图标变为白色。

5.1.3 实验面板

实验面板由两部分构成，分别为可视控制框和器件面板。

1. 可视控制框

如图 5-3 所示，可视控制框中包含以下命令按钮。

（1）单片机编写：选择已编译完成的 .hex 文件，进行程序的烧录。

（2）运行实验：自定义设计电路搭建完成，.hex 文件已烧录入单片机中，单击"运行实验"，可查看运行结果。

（3）切至 HTML5 模式：模式切换。

（4）清空面板：完成整个设计区域的清空操作。

（5）面板设置：可自定义面板尺寸、缩放比例、偏移量操作。

（6）面板操作：可设置设计区域整体放大、缩小、上移、下移、左移、右移操作。

（7）面板全屏：设计区域全屏显示。

（8）导入实验：载入文件。

（9）导出实验：电路设计完成后导出，保存格式为 .epl。

（10）隐藏器件面板：隐藏右侧器件面板导航栏。

实验名称：无

| 单片机烧写 | 运行实验 | 切至HTML5模式 | 清空面板 | 面板设置 | 面板操作 | 面板全屏 | 导入实验 | 导出实验 | 隐藏器件面板 |

图 5-3　控制框

2. 器件面板

器件面板由四部分组成，分别为基础器件、实物器件、逻辑器件和其他，如图 5-4 所示。

图 5-4　器件面板

5.1.4　器件面板组成部分概述

1. 基础器件

以位输入、脉冲输入、PWM 输入为例说明。

（1）位输入。位输入配合 MCU 作为单比特输入信号，鼠标左键单击页面图标可以改变单比特输入状态 0/1。选中任意"位输入"器件，鼠标右键单击弹出功能窗口，在附属功能窗口中可以对单个位输入器件的细节进行更改，如编辑器件名称、更改器件在图纸上的方向、选择器件显示层级、复制或删除器件等，如图 5-5 所示。

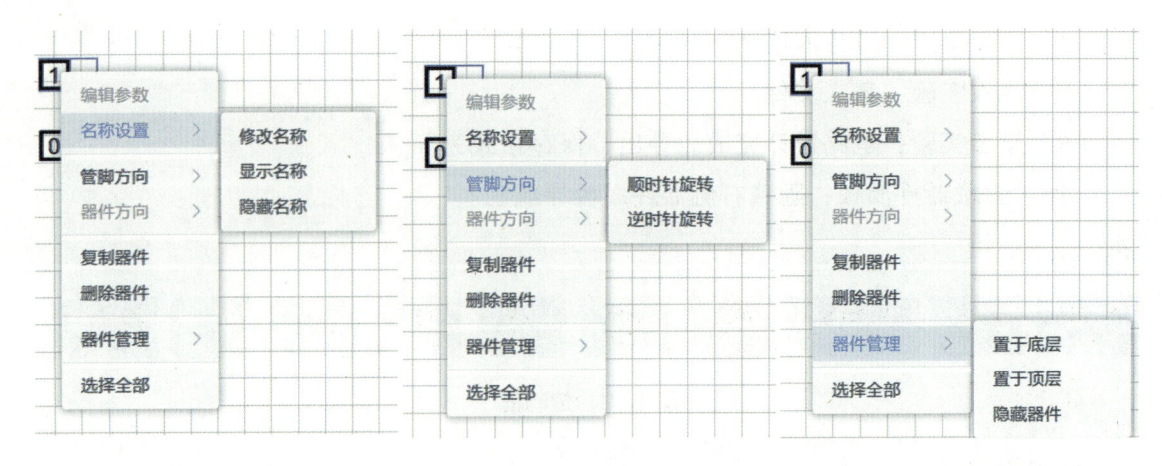

图 5-5　位输入

（2）脉冲输入。脉冲输入配合 MCU 用作单脉冲输入信号。鼠标左键单击网页图标即可产生单个边沿脉冲信号（上升沿或下降沿）。选中任意"脉冲输入"器件，鼠标右键单击弹出功能窗口，在附属功能窗口中可以对单个"脉冲输入"器件的细节进行更改，如修改器件属性、修改/隐藏器件名称、更改器件在图纸上的方向、选择器件显示层级、复制或删除器件等，如图 5-6、图 5-7 所示。

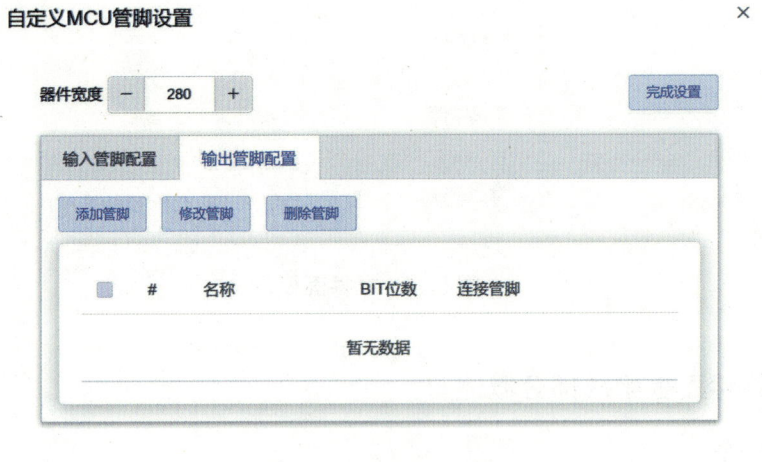

图 5-6　脉冲输入设置

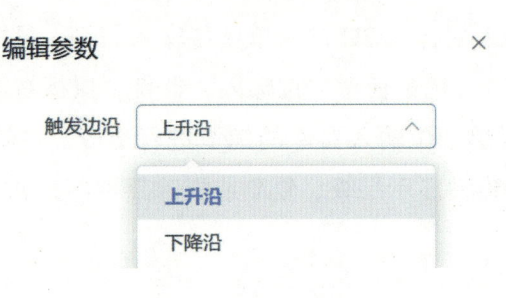

图 5-7　触发方式

第 5 章　STM32 远程云端硬件实验平台

（3）PWM 输入。PWM 输入配合 MCU 器件用作 PWM 信号输入，通过器件参数可以更改 PWM 输入频率、占空比参数。选中任意"PWM"器件，鼠标右键单击弹出功能窗口，在附属功能窗口中可以对单个"PWM"器件的细节进行更改，如修改/隐藏器件名称、更改器件在图纸上的方向、选择器件显示层级、复制或删除器件等，如图 5-8、图 5-9 所示。

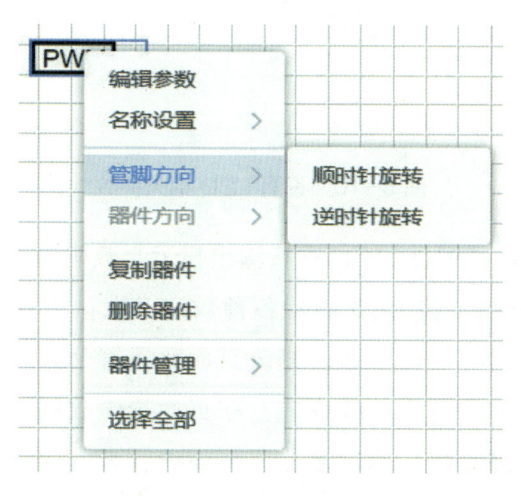

图 5-8　PWM 输入设置

图 5-9　PWM 参数设置

2. 实物器件

以 LED 灯、数码管、直流电机为例说明。

（1）LED 灯。LED 灯配合 MCU 器件可显示单比特输出信号，MCU 器件通过输出高低电平控制 LED 灯亮灭（高电平触发）。调出任务窗口选择编辑器件参数，修改页面 LED 灯显示颜色，可选的范围为红、绿、黄。在页面选中 LED，鼠标右键单击器件调出任务窗口，可修改器件参数、器件名称、页面中管脚方向、器件显示层级，还可复制、删除器件等，如图 5-10 所示。

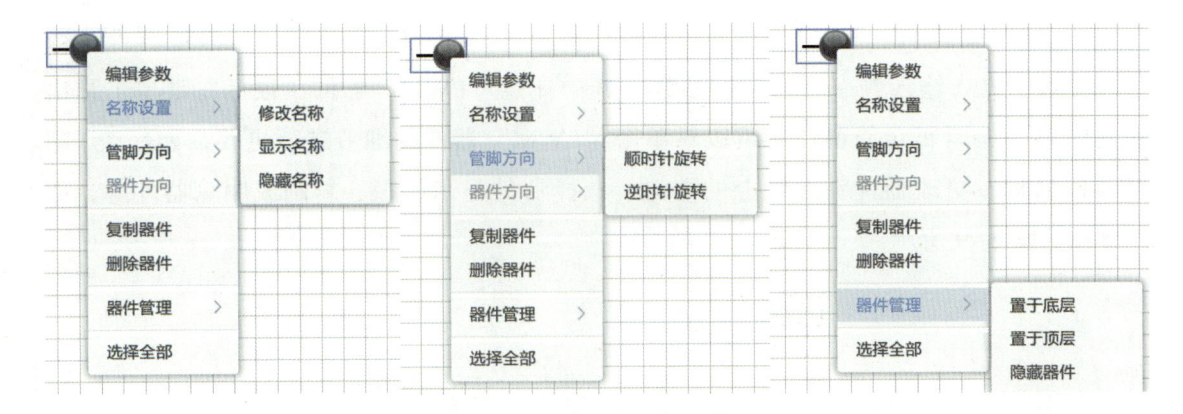

图 5-10 设置 LED 相关参数

（2）数码管。数码管可配合 MCU 进行输出显示，数码管通过控制 8 个管脚（a～g 和 dp）的高低电平来控制各段 LED 显示各种数字，默认为共阴极，可自定义修改极性。调出任务窗口选择编辑器件参数，修改页面数码管公共极类型，如共阴数码管或共阳数码管，也可以合并管脚为总线模式。在页面选中数码管，鼠标右键单击器件调出任务窗口，可修改器件参数、器件名称、页面中管脚方向、器件显示层级，还可复制、删除器件等，如图 5-11、图 5-12 所示。

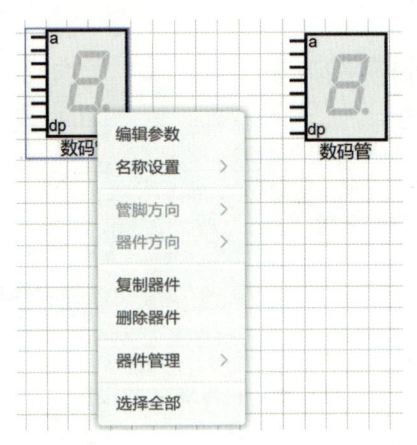

图 5-11 设置数码管相关参数

图 5-12 编辑数码管参数

（3）直流电机。直流电机配合逻辑器件使用。MCU 输出 PWM 来控制直流电机的转速。L298N 驱动板右上方数字监测电机转速。IN1/IN2 电平控制直流电机进行正转、反转、停止等操作，控制模式如表 5-1 所示。

表 5-1 控制模式

直流电机的状态	控制电平
正转	10
反转	01
停止	00

在页面中选中直流电机器件，鼠标右键单击器件调出任务窗口，可修改器件名称、器件显示层级，也可复制、删除器件，如图 5-13 所示。

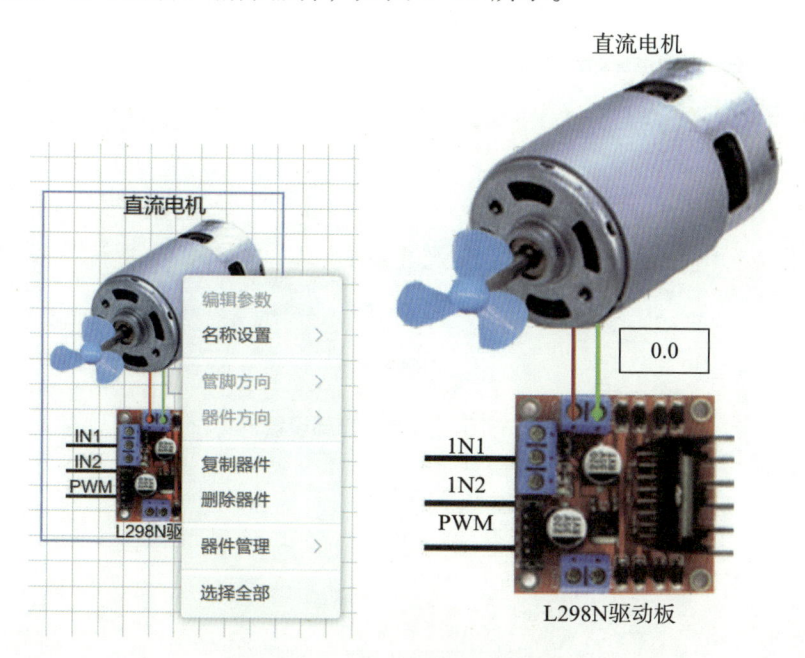

图 5-13 设置电机相关参数

3. 逻辑器件

（1）基本管脚（MCU）。基本管脚定义了基本 MCU 功能引脚，包括 ADC 前端采集、定时器输入、通用 I/O、DAC 输出、串口通信、SPI 串行接口、液晶屏使能等基础性 I/O 块，方便用户使用，缩短开发时间，如图 5-14 所示。

基于STM32的智能硬件开发

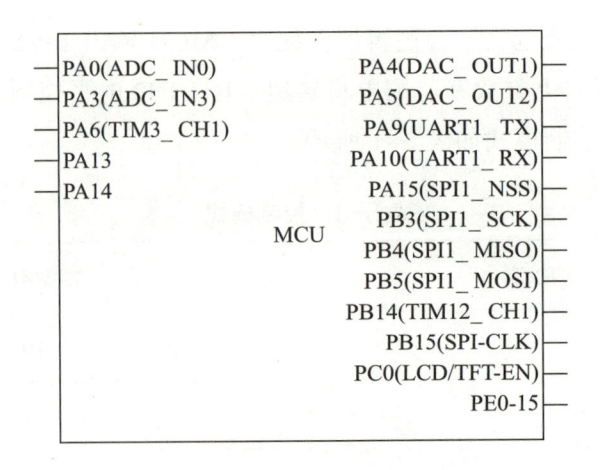

```
         ┌─────────────────────────────┐
─PA0(ADC_IN0)          PA4(DAC_OUT1)─
─PA3(ADC_IN3)          PA5(DAC_OUT2)─
─PA6(TIM3_CH1)         PA9(UART1_TX)─
─PA13                  PA10(UART1_RX)─
─PA14                  PA15(SPI1_NSS)─
                MCU    PB3(SPI1_SCK)─
                       PB4(SPI1_MISO)─
                       PB5(SPI1_MOSI)─
                       PB14(TIM12_CH1)─
                       PB15(SPI-CLK)─
                       PC0(LCD/TFT-EN)─
                       PE0-15─
         └─────────────────────────────┘
```

图 5-14　基本管脚

（2）自定义管脚（MCU）。可添加输入管脚配置、输出管脚配置。可自定义引脚数量、名称。可根据实际开发需求修改 I/O 位宽以及为引脚分配位号，如图 5-15、图 5-16 所示。

图 5-15　自定义管脚设置

图 5-16　引脚输入

5.2 卧室开关灯仿真设计

5.2.1 任务要求

在 STM32 远程云端硬件实验平台上设计一个功能电路，电路由按键、单片机、数码管组成。在 STM32 远程云端硬件实验平台上进行功能仿真，电路的具体功能要求如下。

功能一：当点击实验面板上的"运行实验"后，两个数码管的初始显示值为"00"，运行范围为 00 ～ 99。

功能二：

（1）"计数 +1"按键按下，数码管显示数字自动 +1。

（2）"计数 –1"按键按下，数码管显示数字自动 –1。

（3）"清零"按键按下，数码管显示数字"00"。

功能三：

（1）如果当前数码管显示"00"，"计数 –1"按键按下，数码管显示数字从"00"变为"99"。

（2）如果当前数码管显示"99"，"计数 +1"按键按下，数码管显示数字从"99"变为"00"。

5.2.2 电路设计

电路设计图如图 5-17 所示。

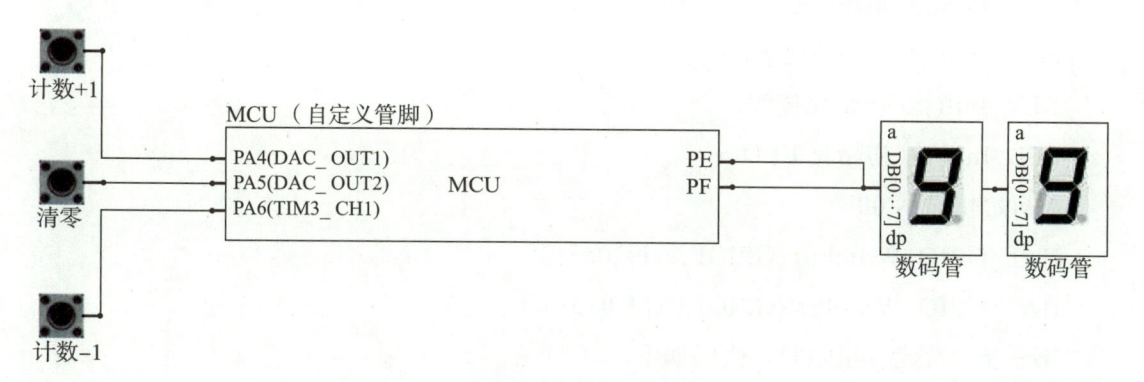

图 5-17　电路设计图

5.2.3 任务实施

（1）按要求完成 STM32CubeMX 配置。部分 I/O 设置如图 5-18 所示。

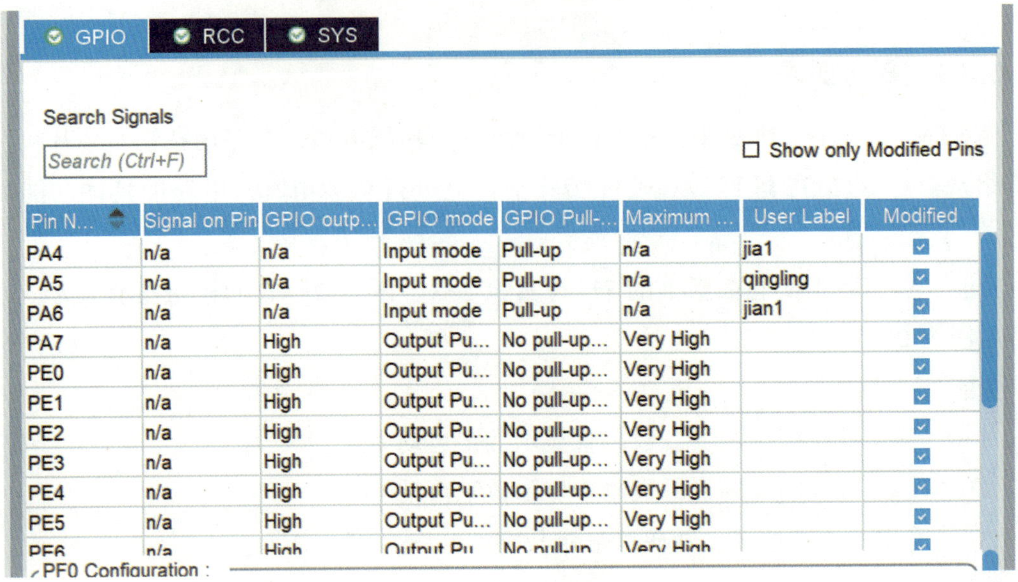

Pin N...	Signal on Pin	GPIO outp...	GPIO mode	GPIO Pull-...	Maximum ...	User Label	Modified
PA4	n/a	n/a	Input mode	Pull-up	n/a	jia1	☑
PA5	n/a	n/a	Input mode	Pull-up	n/a	qingling	☑
PA6	n/a	n/a	Input mode	Pull-up	n/a	jian1	☑
PA7	n/a	High	Output Pu...	No pull-up...	Very High		☑
PE0	n/a	High	Output Pu...	No pull-up...	Very High		☑
PE1	n/a	High	Output Pu...	No pull-up...	Very High		☑
PE2	n/a	High	Output Pu...	No pull-up...	Very High		☑
PE3	n/a	High	Output Pu...	No pull-up...	Very High		☑
PE4	n/a	High	Output Pu...	No pull-up...	Very High		☑
PE5	n/a	High	Output Pu...	No pull-up...	Very High		☑
PE6	n/a	High	Output Pu	No pull-up	Very High		☑

图 5-18 I/O 设置

（2）生成工程。

（3）完善工程代码。

第一步：添加显示数组，代码如下。

```
// 数码管显示 0 ~ 9
uint8_t table[]={0x3f,0x06,0x5b,0x4f,0x66,0x6d,0x7d,0x07,0x7f,0x6F};
```

第二步：完善 main 函数，代码如下。

```
int8_t num=0;// 初始化 num
KEY_Init();// 初始化按键
LED_Init();// 初始化 LED
// 初始化显示 00
HAL_GPIO_WritePin (GPIOE,0xFF,0x3F);
HAL_GPIO_WritePin (GPIOF,0xFF,0x3F);
```

第三步：完善 while(1)，代码如下。

```
//GPIOE 是高位，F 是低位
// 按键加 1
        if(HAL_GPIO_ReadPin(GPIOA,GPIO_Pin_4)==0)
```

```
        {
             HAL_Delay(50);
          if(HAL_GPIO_ReadPin (GPIOA,GPIO_Pin_4)==0)
            {
                num++;
                if(num==100)
                {
                     num=0;
                }
            }
        }while(HAL_GPIO_ReadPin (GPIOA,GPIO_Pin_4)==0);
// 按键清零
        if(HAL_GPIO_ReadPin (GPIOA,GPIO_Pin_5)==0)
        {
            HAL_Delay(50);
            if(HAL_GPIO_ReadPin (GPIOA,GPIO_Pin_5)==0)
            {
                 num=0;
            }
        }while(HAL_GPIO_ReadPin (GPIOA,GPIO_Pin_5)==0);
// 按键减 1
        if(HAL_GPIO_ReadPin (GPIOA,GPIO_Pin_6)==0)
         {
            HAL_Delay(50);
            if(HAL_GPIO_ReadPin (GPIOA,GPIO_Pin_6)==0)
            {
                num--;
                if(num==-1)
                {
                     num=99;
                }
            }
```

```
    }while(HAL_GPIO_ReadPin (GPIOA,GPIO_Pin_6)==0);
// 数码管显示
    HAL_GPIO_WritePin(GPIOE,table[num/10]);
    HAL_GPIO_WritePin (GPIOF,table[num%10]);
    }
```

5.2.4 程序下载

程序运行过程如图 5-19 所示，按下相应按键后，数码管开始显示数字。

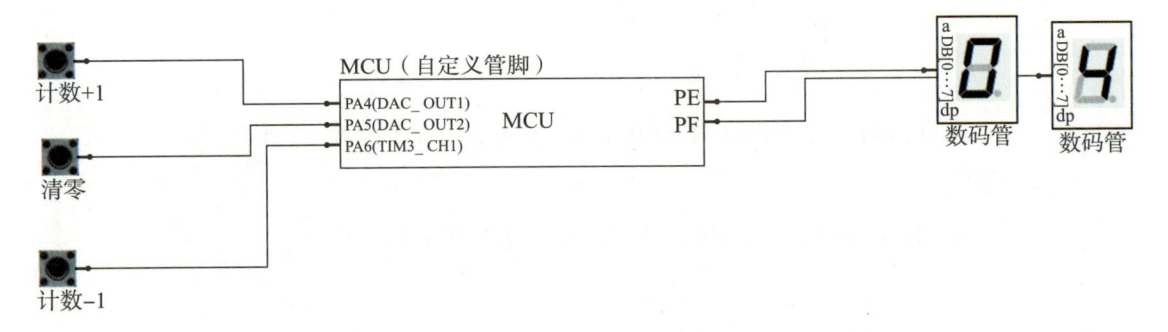

图 5-19 程序运行过程

5.3 智能密码锁的仿真设计

5.3.1 任务要求

（1）实现按键键值检测功能：独立按键实现按键 0～9 键值输入，1 个确认按键，实现键值检测。

（2）实现至少 8 位密码保存功能。

（3）正确提示当前正在操作步骤字样，显示字样与当前操作相符并可以提示开关锁状态。

（4）实现密码对比确认功能。

（5）通过两个 LED 灯（红色和绿色）指示智能密码锁状态，默认状态为绿灯闪亮（频率 2 HZ），红灯灭。密码正确，红灯灭，绿灯亮，直流电机转动 2 s，语音播报"已经开锁"。密码错误，红灯亮，绿灯灭，直流电机不转，语音播报"开锁失败"。

（6）程序业务逻辑正确。程序开始运行，未进入密码设置状态。密码输入完成，进入密码保存状态。密码保存完成，进入开始密码确认状态。输入密码进行开锁，无论是否开锁都进入下一个开锁状态。

5.3.2 电路设计

智能密码锁电路设计图如图 5-20 所示。

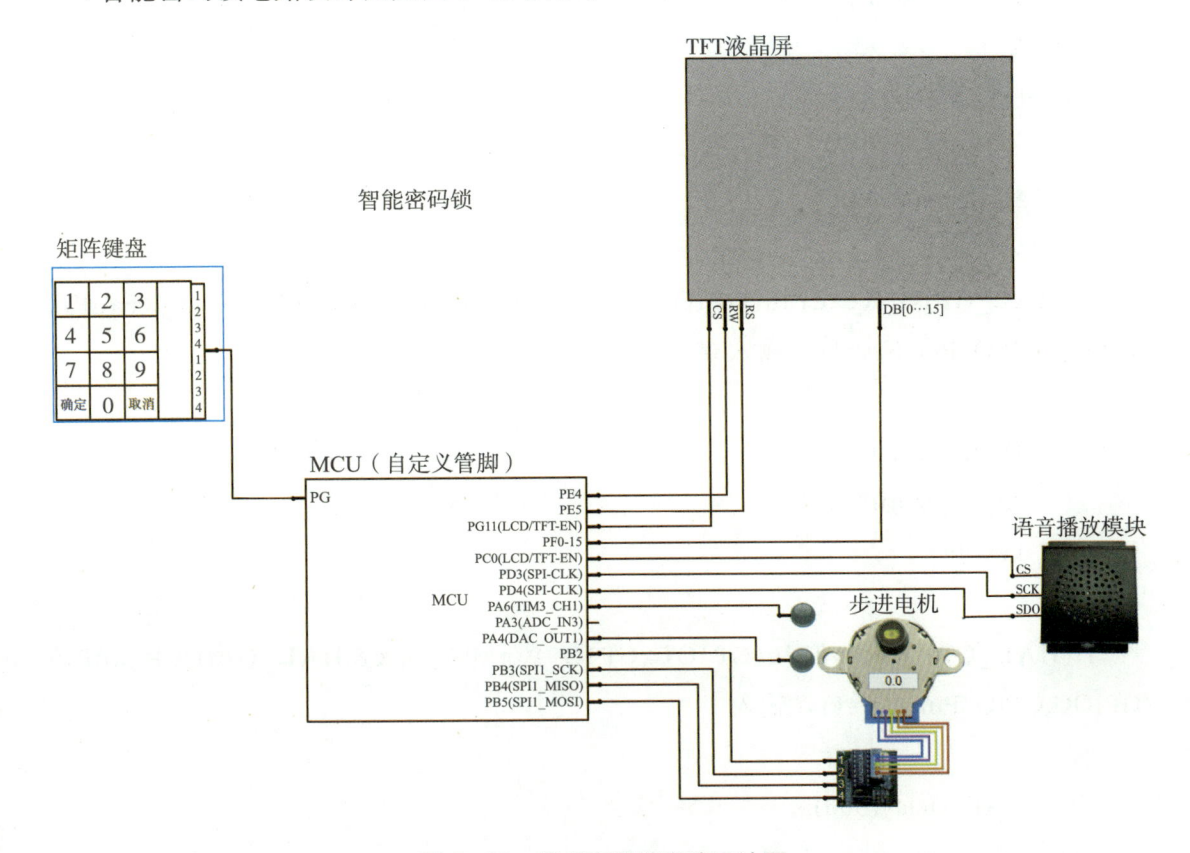

图 5-20 智能密码锁电路设计图

5.3.3 任务实施

（1）按要求生成 STM32CubeMX 工程。

（2）完善工程代码。

第一步：设置按键码，代码如下。

uint8_t table[]={0x3f, 0x06, 0x5b, 0x4f, 0x66, 0x6d, 0x7d, 0x07, 0x7f};// Nixie tube

uint8_t KeyGroup[] = {0x88, 0x84, 0x82, 0x81, 0x48, 0x44, 0x42, 0x41, 0x28,

0x24, 0x22, 0x21, 0x18, 0x14, 0x12, 0x11}; //key array

uint8_t next=2;

第二步：LCD 初始化，代码如下。

TFT_Init();

TFT_DisplayChars(1，9，32，"Set password:");

第三步：完善 while(1) 循环，代码如下。

```
next=2;
while(1)
{
    HAL_Delay(100);
    key=12;
    if(HAL_GPIO_ReadPin(GPIOG,GPIO_Pin_3)==1&&HAL_GPIO_ReadPin(GPIOG,GPIO_Pin_5)==1) // 输入 0
    {
        HAL_Delay(500);
        Audio_Start(" 零 ");
        key=0;
    }
    if(HAL_GPIO_ReadPin(GPIOG,GPIO_Pin_0)==1&&HAL_GPIO_ReadPin(GPIOG,GPIO_Pin_4)==1) // 输入 1
    {
        HAL_Delay(500);
        Audio_Start(" 一 ");
        key=1;
    }
    if(HAL_GPIO_ReadPin(GPIOG,GPIO_Pin_0)==1&&HAL_GPIO_ReadPin(GPIOG,GPIO_Pin_5)==1) // 输入 2
    {
        HAL_Delay(500);
        Audio_Start(" 二 ");
        key=2;
    }
```

```c
    if(HAL_GPIO_ReadPin(GPIOG,GPIO_Pin_0)==1&&HAL_GPIO_ReadPin
(GPIOG,GPIO_Pin_6)==1) // 输入 3
    {
        HAL_Delay(500);
        Audio_Start(" 三 ");
        key=3;
    }
    if(HAL_GPIO_ReadPin(GPIOG,GPIO_Pin_1)==1&&HAL_GPIO_ReadPin
(GPIOG,GPIO_Pin_4)==1) // 输入 4
    {
        HAL_Delay(500);
        Audio_Start(" 四 ");
        key=4;
    }
    if(HAL_GPIO_ReadPin(GPIOG,GPIO_Pin_1)==1&&HAL_GPIO_ReadPin
(GPIOG,GPIO_Pin_5)==1) // 输入 5
    {
        HAL_Delay(500);
        Audio_Start(" 五 ");
        key=5;
    }
    if(HAL_GPIO_ReadPin(GPIOG,GPIO_Pin_1)==1&&HAL_GPIO_ReadPin
(GPIOG,GPIO_Pin_6)==1) // 输入 6
    {
        HAL_Delay(500);
        Audio_Start(" 六 ");
        key=6;
    }
    if(HAL_GPIO_ReadPin(GPIOG,GPIO_Pin_2)==1&&HAL_GPIO_ReadPin
(GPIOG,GPIO_Pin_4)==1) // 输入 7
    {
        HAL_Delay(500);
```

```c
        Audio_Start(" 七 ");
        key=7;
    }
    if(HAL_GPIO_ReadPin(GPIOG,GPIO_Pin_2)==1&&HAL_GPIO_ReadPin(GPIOG,GPIO_Pin_5)==1) // 输入 8
    {
        HAL_Delay(500);
        Audio_Start(" 八 ");
        key=8;
    }
    if(HAL_GPIO_ReadPin(GPIOG,GPIO_Pin_2)==1&&HAL_GPIO_ReadPin(GPIOG,GPIO_Pin_6)==1) // 输入 9
    {
        HAL_Delay(500);
        Audio_Start(" 九 ");
        key=9;
    }
    if(HAL_GPIO_ReadPin(GPIOG,GPIO_Pin_3)==1&&HAL_GPIO_ReadPin(GPIOG,GPIO_Pin_4)==1) // 输入 10
    {
        HAL_Delay(500);
        Audio_Start(" 确认 ");
        key=10;
    }
    if(HAL_GPIO_ReadPin(GPIOG,GPIO_Pin_4)==1&&HAL_GPIO_ReadPin(GPIOG,GPIO_Pin_6)==1) // 输入 1
    {
        HAL_Delay(500);
        Audio_Start(" 取消 ");
        key=11;
    }
    if(next==1)
```

```c
    {
        if(key==0||key==1||key==2||key==3||key==4||key==5||key==6||key==7||key==8||key==9) // 输入 12
        {
            save1[count1]= key;
            sprintf(STR1,"%ld", key);
            TFT_DisplayChars(30+count1*16, 45, 32, STR1);
            count1++;
            if(count1>7)
            {
                count1 = 0;
            }
            key=12;
        }
        if(key ==10)
        {
            for(add=0;add<9;add++)
            {
                if(save1[0]==save[0]&&save1[1]==save[1]&&save1[2]==save[2]&&save1[3]==save[3]&&save1[4]==save[4]&&save1[5]==save[5]&&save1[6]==save[6]&&save1[7]==save[7])// 开锁成功
                {
                    GPIO_SetBits(GPIOA,GPIO_Pin_6);
                    HAL_Delay(1000);
                    Audio_Start(" 开锁成功 ");
                    TFT_DisplayChars(1, 9, 32,"OK");
                    TFT_DisplayChars(30, 45, 32,"            ");
                    HAL_Delay(1000);
                    Motorcw_angle(90,2);
                    GPIO_ResetBits(GPIOA,GPIO_Pin_6);
                    TFT_DisplayChars(1, 9, 32,"enter password");
                    key=12;
```

```c
                        break;
                    }
                    else
                    { // 开锁失败
                        GPIO_SetBits(GPIOA,GPIO_Pin_4);
                        HAL_Delay(1000);
                        Audio_Start(" 开锁失败 ");
                        TFT_DisplayChars(1, 9, 32, "ERR");
                        TFT_DisplayChars(30, 45, 32, "    ");
                        HAL_Delay(1000);
                        GPIO_ResetBits(GPIOA,GPIO_Pin_4);
                        TFT_DisplayChars(1, 9, 32, "enter password");
                        key=12;
                        break;
                    }
                }
            }
        }
        if(next==2)
        {
            if(key==0||key==1||key==2||key==3||key==4||key==5||key==6||key==7||key==8||key==9)
            {// 设置密码
                save[count]= key;
                sprintf(STR,"%ld", key);
                TFT_DisplayChars(30+count*16, 45, 32, STR);
                count++;
                if(count>7)
                {
                    count = 0;
                }
                key=0;
```

```
    }
    if(key ==10)
    {
     TFT_DisplayChars(1, 9, 32,"password Set OK");
     TFT_DisplayChars(30, 45, 32,"            ");
     HAL_Delay(2000);
     TFT_DisplayChars(1, 9, 32,"enter password");
     next=1;
     key=12;
    }
}
```

5.3.4 程序下载

程序运行过程参考图 5-20 智能密码锁电路设计图。

参考文献

[1] ST公司.Reference Manual RM0090,STM32F405/F407中文参考手册[EB/OL].（2024-03-14）[2024-03-31].https://www.stmcu.com.cn/Designresource/detail/reference_manual/699515.

[2] 北京新大陆时代教育科技有限公司.传感网应用开发：中级[M].北京：机械工业出版社，2019.

[3] 王维波，鄢志丹，王钊.STM32Cube高效开发教程：基础篇[M].北京：人民邮电出版社，2021.